动物王国大探秘

听鱼类讲故事

李　航　主编

中国大地出版社
·北　京·

图书在版编目（CIP）数据

听鱼类讲故事 / 李航主编. -- 北京：中国大地出版社，2020.5

（动物王国大探秘）

ISBN 978-7-5200-0516-6

Ⅰ．①听… Ⅱ．①李… Ⅲ．①鱼类－儿童读物 Ⅳ．①Q959.4-49

中国版本图书馆 CIP 数据核字（2019）第 278108 号

DONGWU WANGGUO DA TANMI
TING YULEI JIANG GUSHI

责任编辑：张嫏嫘
责任校对：李　玫
出版发行：中国大地出版社
社址邮编：北京市海淀区学院路 31 号，100083
咨询电话：（010）66554512
印　　刷：湖北鄂南新华印刷包装股份有限公司
开　　本：787mm × 1092mm　1/16
印　　张：24
字　　数：260 千字
版　　次：2020 年 5 月北京第 1 版
印　　次：2020 年 5 月武汉第 1 次印刷
书　　号：ISBN 978-7-5200-0516-6
定　　价：128.00 元（全 8 册）

前言

　　地球上各种各样的动物是孩子们十分感兴趣的。这些动物的样子千差万别，生活方式也不相同。鱼儿在水里游来游去，鸟儿在天空自由飞翔，凶猛的狮子、可爱的企鹅、勤劳的小蜜蜂……它们各有各的特点。它们平时的生活到底是什么样的？如果它们会说话，又会对我们说些什么？

　　在这套书里，我们就带领小朋友们一起走进不同动物的世界，以"听听动物怎么说"的形式，借动物自己的口，向小朋友们讲述不同动物生活中发生的种种趣事。快看吧！史前的恐龙、小小的昆虫、天上的鸟儿、水中的鱼儿……这些海洋动物、陆地动物、水边动物、珍稀动物已经齐齐上阵，准备好了要告诉你它们的秘密。还在等什么呢？快坐好，仔细聆听吧！

目录

大马哈鱼

　　大家好，我叫鲑鱼，我还有一个响亮的名字"大马哈鱼"。平日里，大家见到我的机会不多，因为大部分时间我都待在海里，只有在繁殖季节，需要产卵时，我才会回到故乡——江河淡水中。

在回家乡的路上，我们往往会遇到很多高落差的水流，如瀑布。这时，我们会快速摆动尾巴，奋力跳过去。

主要家族成员
大马哈鱼
驼背大马哈鱼
红大马哈鱼
大鳞大马哈鱼
马苏大马哈鱼
银大马哈鱼

可爱的样子

　　有人说我的体形和人们用来织布的梭子很像。他们还真没说错。你看，我的确是中间粗、两头细；从头后至背鳍基部前渐次隆起，在背鳍处达到最高点，之后渐渐低弯，一直延伸到尾部。

我会变色

　　在产卵之前，我会做很多准备。例如，我的身体颜色会发生很大变化，变得非常美丽。当然了，变色过程不是一下子完成的，而是从我洄游至江河时就开始了。

回家的秘密

　　一些人疑惑地问："你们离开家乡已经好几年了，是如何找到回家的路的？"其实，我们的大脑中有一个铁质小微粒，它就像人们发明的指南针一样，能帮助我们准确找到前进的方向。

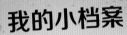

我的小档案

分类：硬骨鱼纲—鲑形目
栖息地：太平洋北部
食物：水生昆虫、小型鱼类
天敌：海豚、棕熊、白头海雕等

回乡途中，一些贪婪的家伙会趁机捕食我们，例如棕熊。棕熊守在河口，等我们经过时，用熊掌一掌把我们拍晕，然后就轻松将我们抓住了。

洄游产卵

我在海里生活几年后，便和兄弟姐妹们结伴而行，离开大海，沿江而上，不吃不喝，日夜兼程，冲过重重阻挠，回到故乡开始产卵，繁育后代。之后，我有可能力竭而死，结束一生。

生死考验

我在大海里待久了，适应了大海高盐的环境，洄游时突然接触淡水，我的肾脏和其他器官要在很短的时间适应缺盐的环境，这是一个生死考验。

蝴蝶鱼

你知道我的名字吗？如果你猜不出来，你就看看我的外形！我是不是像一只翩翩起舞的蝴蝶？现在，你肯定猜出来了。没错，我就是蝴蝶鱼，像蝴蝶一样美丽的鱼儿。

不是为了美

我身边的小伙伴非常羡慕我美丽的外表。其实，我长这么漂亮只是为了适应环境。我生活的珊瑚礁颜色非常艳丽，我长得漂亮就能和它融为一体，让敌人发现不了。如果我到了一个新环境，我还会改变我的外表。

我的身体侧扁，很适合在珊瑚礁的缝隙中穿梭，捕食隐藏在那里的小动物。

我的发育阶段

卵—羽状幼体阶段（浮游生活阶段）—纤长幼体阶段（底栖生活阶段）—成鱼

迷惑敌人

小伙伴和我聊天的时候，总站错位置，分不清哪边是我的头部，哪边是我的尾部。这可能是因为我的尾巴上长有黑斑，这黑斑就像眼睛一样，小伙伴很难辨别真假，常常会将我的尾巴误认为我的头部。

我尾巴上的"伪眼"可不是用来装饰的，而是用来迷惑天敌的。敌人袭击"伪眼"时，我就可以快速摆动尾巴，逃之夭夭。

海中鸳鸯

我现在长大了，收获了自己的爱情。我和我的妻子很相爱，就像鸳鸯一样成双入对，在珊瑚礁中游弋、戏耍。如果我出去找食物吃，我的妻子会为我站岗。

5

小丑鱼

　　大家可不要因为我的名字里有一个"丑"字，就觉得我长得丑，其实我非常漂亮。我之所以叫小丑鱼，是因为我的脸上有一条或两条白色条纹，好似京剧中的丑角。

主要家族成员
公子小丑鱼
红小丑鱼
黑双带小丑鱼
透红小丑鱼
咖啡小丑鱼
黑豹小丑鱼

美丽的外表

　　在所有的鱼类中，我的个头儿算是小的了，即使长到最大的时候也只和七八岁大的小朋友的手掌差不多大小。别看我现在身上黑漆漆的，鳞片上点缀着蓝色的斑纹，额头上还有白色的斑块，但等我长大了，这些颜色就会发生变化。

雌雄变化

你现在问我是雌是雄，我还真没法儿告诉你，因为我小时候是没有性别之分的，只有等我长大了才能确定。不过，我长大后若是雄性，就有机会变成雌性，但如果变成了雌性，就无法变回雄性了。

好爸妈

我现在如此快乐，是因为爸爸妈妈给我营造了安全的生活环境。在我快出生的时候，爸爸妈妈会变得非常紧张、兴奋，它们时刻保持警惕，保护我和家的安全。等我出生了，爸爸妈妈才会恢复正常。

一对好朋友

我和海葵是好朋友，我们经常生活在一起，互相帮助。海葵身上有剧毒，但它不会伤害我，反而会保护我。我则为它咬引猎物，有时还会帮忙去除它身上的坏死组织和寄生虫呢。

旗　鱼

　　大家知道我是谁吗？自我介绍一下，我叫旗鱼，又叫芭蕉鱼，是"世界游泳冠军"，尤其是在短距离游泳比赛中，没有谁是我的对手。如果你不相信，我们就来比试一下。

短距游速排行榜

旗鱼　>　剑鱼　>　金枪鱼　>　飞鱼　>　鳟鱼　>　海豚

超级速度

　　关于我的速度，我的"粉丝"曾专门测算过，我平均时速能达到 90 千米，短距离最快速度能达到每小时 190 千米，比飞奔的小汽车还要快得多。

我的前颌骨和鼻骨向前延伸，构成尖长的嘴巴，第一背鳍长得又长又高，体表有光滑的鳞片。

游得快的原因

　　曾有人想拜我为师，要学习快速游泳的方法，但我只能遗憾地告诉他，我的本领是天生的，别人学不了。我之所以游得快，是因为我的身体呈流线形，能减少阻力，长剑一样的嘴巴能将水划开，八字形尾鳍摆动起来非常有力。

我长大后，身长可达 5 米，重量超过 600 千克，整个身体呈青褐色，上面有灰白色的圆斑。

暴脾气

有人说我脾气大，爱欺负小鱼、乌贼，那没办法，谁让我天生厉害呢，因此你们可别轻易惹我哦。要不然，我就用我的长嘴巴把你刺穿。可不要觉得我的长嘴中看不中用，我可曾用它刺穿过钢板呢。

旗鱼和剑鱼的区别	
旗鱼	剑鱼
上颚横切面是圆的	上颚横切面是扁的
身体是扁的	几乎是圆的
有细而尖的鳞片	没有鳞片

海　马

　　有人说我长相太奇特了，说我长着一个跟马一样的头和一条卷曲的尾巴，全身的皮肤坚硬得像铠甲一样，没有一点儿鱼的样子。我只能说，这就是我们海马的与众不同之处。

会"生孩子"的爸爸

　　别的动物都是由妈妈生出来的，可是我却是由爸爸"生"出来的。我爸爸肚子上长有一个很特别的袋子，妈妈将卵产在里面后，爸爸就肩负起了孵化小宝宝的重任。听爸爸说，它一次能"生"2 000多只小宝宝呢！

我的眼睛非常奇特，我常常用一只眼睛搜索食物，用另一只眼睛机警地环视四周，防备敌人。

最慢的泳者

　　世界上谁游泳最快我不知道，我只知道我是地球上行动最慢的游泳者。游泳时，我会将身子竖起来，然后扇动背鳍，向前游泳。由于速度实在太慢，因此大多数时间我都懒得动弹。

爸爸肚子上的"育儿袋"，是我发育成形的温床。我就是在这里从一颗卵变成一个小海马的。

又长又卷的尾巴

大家可不要忽视我的长尾巴,那可是我的宝贝,能当刹车用。我长得太小了,小水流就能把我冲走。幸好,我的长尾巴能像钩子一样钩住附近的珊瑚或者海草,把我固定在一个地方,避免随波逐流。

我的小档案

分类:刺鱼目—海龙科
栖息地:热带与亚热带
食物:虾等小型甲壳动物
天敌:企鹅、蟹等

我是怎么捕食的?

我的嘴是尖尖的管形,不能张合,只能吸食水中的小动物。我头部的形状非常特殊,偷偷靠近猎物,口鼻附近的水几乎不动,因此很容易偷袭成功。

11

飞　　鱼

　　鱼类天生只能在水里畅游吗？不，对我来说这个舞台还不够大，我已经实现了"飞行"的目标。哦，忘了告诉你了，我叫飞鱼，是一种能在水上"飞行"的海洋鱼类。

飞行全过程

用力拍水——跃出水面——打开胸鳍和腹鳍——摆动尾鳍——快速飞行

我长而发达的胸鳍一直延伸到尾部，在"飞行"时可以起到翅膀的作用。

长"翅膀"的鱼

　　我是一条会飞的鱼，虽然没有长翅膀，但拥有特别长的鳍，从胸部一直延伸到尾部，就像机翼一样，而我的形体平滑优美，既像机身，又像织布的长梭。

飞行本领

你要问我能飞多远，我还真没法儿告诉你。我只记得有一次我在空中停留40多秒，飞出400多米远。可不要小瞧这段距离哦，它让我躲过了其他鱼类和海豚的追赶，要不我就没有机会站在这里给你讲我的故事了。

我很享受飞行的感觉，但天空并不安全，有时候我会遭到海鸟的侵袭，非常危险。

我的"发动机"

有人问我："飞机靠发动机提供动力，那你的动力从哪儿来呢？"告诉你吧，尾鳍就是我的"发动机"，我就是通过摆动有力的尾鳍飞行的。如果失去了尾鳍，我就再也飞不起来了。

我为什么要飞？

我飞行并不是因为向往天空，而是为了躲避敌人的追杀。大海是不平静的，很多凶猛鱼类常捕食我和我的同伴。为了自保，我练就了跃水飞翔、躲避危险的绝技。

大白鲨

不管是谁，一提起我的名字总是不寒而栗，看到我在周围游荡，总是离得远远的。我就是令人闻风丧胆的大白鲨。如果你问我为何如此凶残、霸道。我只会轻蔑地说，我天生就是如此，然后一口把你吃掉。

感谢我自己

我之所以成为令大家闻风丧胆的顶级杀手，首先要感谢我的眼睛，它赋予了我超强的视力；其次要感谢我的耳朵，它能让我听到远处猎物发出的微弱声音；还要感谢我的鼻子，它能让我嗅到1千米外血液的气味……

最喜欢的食物
鱼
海龟
海鸟
海狮
海象
海豹

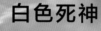

我的皮肤上长满倒刺，猎物哪怕被撞一下也会鲜血淋漓，甚至失去行动能力。

白色死神

见过我的人都知道我的凶残，我也很享受杀死猎物时的快感。我会用极快的速度追赶上猎物，然后用巨大、锋利的牙齿死死咬住猎物，并刺穿它们的身体，在几秒钟内将它们杀死，就像死神降临一般。

14

独门绝技

虽然我很厉害，但是猎物们太狡猾了，因此有时候我也会饿肚子。这时，我就会用爸爸妈妈教给我的独门绝技：把头部直立于水面上，寻找潜在猎物。这个技能是我的"表兄妹们"所不具备的。

我是最大的肉食鱼类，身长可达 6~7 米，体重超过 3 000 千克，腹部呈淡白色。

唯一的宿敌

单论实力，除了宿敌虎鲸，几乎没有谁能对我造成威胁。即使是虎鲸想要打败我也不是那么容易，除非它们一群围攻我。不过，我们相遇的机会不多，发生争斗的概率也比较低。

鲸　鲨

听说海洋世界正在举办"寻找最大鱼类"的活动，我也去凑个热闹。要问我是谁，那你可竖起耳朵听好了，我就是大名鼎鼎的鲸鲨，是世界上最大型的鲨鱼，单论体格，我的亲戚大白鲨也比不过我。

大身板

我刚才到活动现场转了一圈，见识了不少稀奇古怪的海洋动物，也见到了一些参赛选手，但没见到有谁比我还大，因此我觉得凭借约20米的体长、超过12吨的体重，我一定能够获得冠军。

我的小档案

分类: 软骨鱼纲—须鲨目—鲸鲨科

栖息地: 热带和亚热带海域

食物: 小型海洋生物

天敌: 虎鲸、抹香鲸等

滑稽的样子

刚才，一条大马哈鱼在我身边不停转悠，说我的两只小眼睛长在扁平头部的前方，样子很滑稽。我一听就不高兴了，张开1.5米宽的大嘴吓唬它。果然，它被吓得屁滚尿流，狼狈的样子把我逗得哈哈大笑。

我进食的时候，首先吸进一口水，然后闭上嘴巴，从鳃里把水排出去，只留下美味的食物。

我的最爱

那条大马哈鱼可真傻，它要是知道我虽然很大，但性格十分温顺，不会捕食大型鱼类的话，肯定会被自己的少见多怪给气死。再给大家透露一点，我属于滤食动物，最爱吃浮游生物、甲壳类和软体动物等。

我的身体粗大，呈圆柱状，体表大部分是灰色，腹部为白色，还分布有许多黄色斑点和纹路。

我有多少颗牙齿？

我还有可能摘取"牙齿数量最多的鱼类"的桂冠。我的嘴里有几千颗细小的钩状牙齿。这些牙齿不停地生长，每年更换2次，因此我一生中有数万颗牙齿，数量远远超过了其他鱼类。

双髻鲨

　　说起鲨鱼,怎么能不提起我双髻鲨,我可是鲨鱼家族中的老牌成员。别因为我的样子有点儿另类,就觉得我们傻里傻气的,其实我可是进化得最先进的鲨鱼种类。

特别的外貌

　　一些"以貌取人"的人经常取笑我,说我的头像锤子,眼睛长在头部两端,看起来非常奇怪。对于这些人,我一般很少理睬,因为他们既没个性,又不懂得其中的奥秘和好处。

我每年就会进行长途迁徙。夏天,我会游到温带海域;而冬天,我会游到热带海域。

我的头部有左右两个突起,每个突起上各有一只眼睛,两只眼睛相距约1米。

名称	最大身长	头形区别
无沟双髻鲨	4.5米	前缘平直而中间凹入
路氏双髻鲨	3米	前缘外曲而中间凹入
平滑锤头鲨	4.25米	前缘凸出而中间不凹

生小宝宝

今年夏天，我收获了美满的爱情。如今，我的妻子已经有孕在身。不久，它将生下小宝宝。听长辈讲，我妻子可以一次产下 40 枚卵。这些卵在妻子体内孵化成小鲨鱼后，妻子就开始分娩，生小宝宝了。

不要惹我

我和一些小朋友一样，鱼类、甲壳类和软体类等都是我们口中的美食。但是，我的性格很不好，爱打架，经常把别人揍得鼻青脸肿。不过，你只要不主动来惹我，我是不会揍你的。

头形优势

刚才吃了一顿大餐，心情很舒畅，我就给大家说说吧。我的"锤子"形头部有方向舵的作用；嘴上到处都是感受器，能帮助我精确捕食；突出的双眼具有 360° 全方位视野，而且很容易分辨远近。

19

比目鱼

　　说到长相奇特，人们一定不会忽略我，我可是海洋中最另类的鱼类。见过我的人都知道，我的眼睛长在身体一侧，而我的嘴巴、牙齿、胸鳍和腹鳍不像别的鱼，都是不对称的。

奇特的眼睛

　　其实我小时候并不是现在这个样子，那时，我和普通鱼类很相似，眼睛对称地长在头部两侧。后来，我长期趴在海底观察周围情况，慢慢地，挨着海底的那只眼睛搬家了，就跑到上面来了。

巧妙隐藏

　　很多小伙伴找我玩时，总是找不见我。其实，我就在它们旁边，只是它们看不见我。我在身上覆盖了一层沙子，把自己巧妙隐藏起来，如果我不动，再敏锐的眼睛也发现不了我。

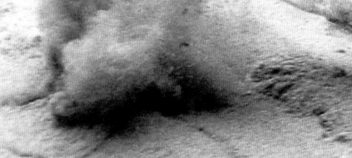

发育过程

卵——小比目鱼（样子正常）——3厘米的小鱼——眼睛移动——成年比目鱼

我的眼睛为什么要搬家?

我长期平卧在海底,向下一面的眼睛根本就没有用。为了使这只眼睛发挥作用,眼睛下面的软骨先被吸收,之后软带不断增长,使这只眼睛向上移动,跑到上面那只眼睛旁边。这样,我就能更好地发现食物和敌人。

奇特的游动姿势

我总是静静趴着,不轻易游动,这样既能躲避敌人,又能伏击猎物。我如果动起来,姿势十分与众不同。一般的鱼游动时都是脊背向上,而我则是有眼睛的一侧向上,侧着身子游动。

我的身体表面覆盖有极细密的鳞片,唯一的一条背鳍,从头部一直延伸到尾鳍。

我长眼睛的一侧有颜色,一般和海底颜色相似,而下面无眼的一侧为白色。

电鳐

海洋中的很多杀手吃东西的时候，把猎物咬得支离破碎，实在太粗鲁了，一点儿都不优雅。哪像我，从来都不使用蛮力，只需要轻轻放一下电，就把猎物降服了。

我的身体十分柔软，皮肤光滑细腻，头与胸鳍连成一体，形成圆或近于圆形的体盘。

另类的外形

很多人认为我不是鱼，觉得我和普通的鱼长得不一样。普通的鱼都呈纺锤形，而我更像一把蒲扇。仔细看你就会发现，我的头部和胸部连在一起，背腹扁平，尾部像一把棒槌，一对小眼长在头部正前方。

看家本领

每一个强者都有自己的看家本领，我也不例外。我最大的本事就是能释放强烈的电能，将猎物或天敌击昏。要问我的电流强度有多强，我还真不好说，反正比你看电视用的电流强度大好多倍。

捕食防御

能放电的动物有很多，但能掌握放电时间和强度的还真没几个。当然，我也不会乱放电，除非是我饿了，要捕食小鱼、虾及其他的小动物，或者有人想要欺负、追捕我。

天然报时钟

我被人称为"天然报时钟"，因为我放电十分有规律，而且电流的方向每隔一段时间变换一次。当我把体内蓄存的电能释放完后，只需要休息一段时间，就能重新恢复放电能力。

名称	放电电压
电鳗	300~800伏
电鳐	300~500伏
电鲶	200~450伏
瞻星鱼	约50伏

23

刺鲀

鲨鱼堪称海洋中的"杀手之王",但这样的大型鱼类想要对付我,也只能是白费力气。如果哪只鲨鱼将我吞进肚子里,那它就只能接受肠穿肚烂、痛苦而死的命运了。

我就是刺鲀

刺鲀是我的大名,我还有个小名叫作气球鱼。如果你不仔细看,你有可能会认为我是一只会游泳的刺猬,因为我和刺猬一样,身上长满了坚硬的长刺。这就是我战胜鲨鱼的秘密武器。

分布区域	
世界海域	大西洋、印度洋和太平洋
我国海域	南海、东海、黄海
生活环境	暖温性海洋的底层

我的长刺

　　有些小伙伴不愿意和我玩，它们怕被我的长刺刺伤。其实，它们不了解我。平时，我的长刺都是贴在身上的，就像其他鱼儿的鱼鳞一样，只有在遇到危险时，我才会吸入海水，使腹部膨胀，把刺立起来。

我长得像个身材短小的圆胖子，头和身体的背面宽圆，而身上的鳞片已经变成了粗棘。

想吃我？没门！

　　曾经，有一只鲨鱼把我吞进肚子里，想美餐一顿。可我就像孙悟空进了铁扇公主的肚子一样，四处折腾。我竖起5厘米长的刺，在鲨鱼肚子里到处翻滚。鲨鱼疼得不住狂跳，最后生生疼死了。

同归于尽

　　如果我被敌人捕捉到了，我还有和敌人同归于尽的手段。我身上的肉没有毒，可我的内脏含有剧毒。敌人一旦将我吞进肚子里，这些毒素就会发作，将敌人毒死。

箱鲀

　　呜呜呜……最近我很不开心，一些伙伴说我长得和它们不一样，说我身上没有棘刺，全都是硬鳞，身体也不像其他的鲀类能胀大或弯曲。大家评评理，这都是天生的，能怨我吗？

我现在长大了，背部有艳蓝色斑点，而我的妻子和孩子是没有蓝色斑点的。

我叫盒子鱼

　　哦！忘了告诉大家了，我叫箱鲀，也叫盒子鱼。之所以取这个奇怪的名字，完全和我的外貌有关。大家有没有觉得我像一个长肉的方盒子？这其实是因为我身体的大部分被盒子状的骨架支撑着。

我拿什么来御敌？

　　我不是游泳健将，因此我不爱出远门，但是喜欢在珊瑚礁的缝隙中钻进钻出，既是为了快乐，也是为了方便吃东西。当然了，如果有人想要伤害我，我也不会客气，我会分泌出一种剧毒的物质，狠狠教训敌人。

有趣的泳姿

有人觉得我丑，自然也有人觉得我可爱，尤其是我游泳的时候。因为身体原因，我的躯干部分是不能扭动的，只有鳍、口和眼睛可以动，因此只能依靠鳍的摆动来游泳，看起来就像直升机在游动。

我的小档案

分类:硬骨鱼纲—鲀形
目—箱鲀科
栖息地:沿岸浅海岩礁
食物:小型海洋生物
天敌:大型鱼类

我圆圆的嘴看起来十分可爱，浑身上下还散发着小清新的气息。

样子有点儿喘

既然已经敞开心扉了，就再给大家讲讲我的另类之处。我不像其他鱼那样，有可以自由活动鳃，我呼吸时必须张开嘴，让水从嘴流入鳃部。这种方式效率有点儿低，因此我每分钟要呼吸 180 次，样子看起来有点儿喘。

27

翻车鱼

　　用"其貌不扬"来形容我再合适不过了。我就像一个大碟子，又圆又扁，尤其是缺失尾鳍的尾部，看上去就好像被人从后面削去了一块。可即使这样丑，我依然有自豪之处，我可是繁殖能力最强的鱼类。

我的尾鳍几乎不存在，只能依靠背鳍及臀鳍来前进，因此游泳技术不佳。

我是生长冠军

　　我不仅是产卵冠军，还是动物界的生长冠军。我出生的时候，跟普通鱼类一样，非常小，只有约0.25厘米长，但是我长大后，却有3米多长，体重更是增加了6000多万倍。这样的生长速度，谁也比不上。

我是产卵冠军

　　要说产卵能力，没有哪种鱼敢和我比，我每次生产，都能产下大约3亿颗卵，远远超过了其他鱼类。当然了，我产这么多卵也是有原因的，主要是为了依靠数量优势繁殖后代，使我们翻车鱼不会灭绝。

名称	特征
翻车鱼	体短,身体扁平,皮肤强韧,遍布全世界温带及热带海区
矛尾翻车鲀	身体侧扁,背鳍、臀鳍呈尖刀状,鳍条与体后端相连,呈矛状突起
长体翻车鲀	身体呈椭圆形,体长为体高的 2 倍左右,为头长的 2.5 倍左右

总是受欺负

对于我的性格,我有一些不满意。我虽然长得很大,有 3.5 米长,但我的性格太温顺了,常常遭受欺负。小时候,金枪鱼、鲯鳅等欺负我,现在我长大了,虎鲸、鲨鱼、海狮又来侵扰我。唉!我什么时候才能不受欺负呢?

我的身体颜色对比非常明显,比如我的体侧呈灰褐色,而腹侧呈银灰色。

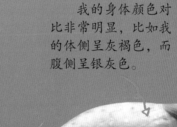

贴心的老公

生活虽然很艰辛,但我很幸福,因为我有一个爱我的老公。每到要生小宝宝时,老公总是先挖出一个舒服的"产床",而在我得了"产后抑郁症"扬长而去后,老公总是理解地一笑,然后担负起"奶爸"的职责。

29

石斑鱼

　　你在海里游泳时，如果看见一块会动的石头，不要惊讶，那是你遇到我了。当然了，我不是石头，而是身上长满了褐色或红色的斑点和条纹，样子很像石头的鱼，人称石斑鱼。

长大发福了

　　别因为我的身长有 1 米，体重超过 100 千克，长得又像石头，就觉得我从小就是个懒惰的大胖子。其实，我小时候非常好动，经常在浅水区游来游去。只是现在发福了才不爱动，喜欢在洞穴里静静卧着。

我的体形非常庞大，不适合长途游泳，因此总是独自栖息在岩石、海底洞穴以及珊瑚礁中。

栖息环境	
时节	水深
春夏季	10~30 米
秋冬季	40~80 米

我的身体呈椭圆形，侧面有点儿扁，头很大，吻部比较短，但嘴很大。

吞食猎物

我和一般和蔼的胖子不一样，我可是凶猛的胖子。不爱动的我常常隐藏起来，等猎物从身边经过时，突然出击，一口把猎物吞下，用牙齿把它碾碎，再吞进肚子里。

性别转换

作为堂堂"男儿"，有一件事我一直难以启齿，我其实是"变性鱼"。我小时候是雌雄同体的鱼，成年后变成了雌性。可是第二年，我觉得我适合当雄性，于是悄悄地转换成了雄性。

发育过程

卵——幼鱼（雌雄同体）——雌鱼——雄鱼

31

我们食人鱼从不单独行动，我们总是几百条或者上千条成群出动。

食人鱼

哼哼！人们都说鲨鱼可怕，可是在我食人鱼看来，鲨鱼只是占了体形大的优势，要是它和我一样大，还敢说自己可怕吗？我这么小，但我敢吃人，因此我才是最可怕的鱼类。

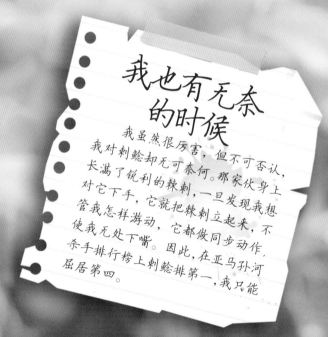

我也有无奈的时候

我虽然很厉害，但不可否认，我对刺鲶却无可奈何。那家伙身上长满了锐利的棘刺，一旦发现我想对它下手，它就把棘刺立起来，不管我怎样游动，它都做同步动作，使我无处下嘴。因此，在亚马孙河杀手排行榜上刺鲶排第一，我只能屈居第四。

快看我的牙

我可是凶名赫赫。别看我只有 20 厘米长，就觉得我毫无战斗力。如果你看了我的嘴，你就会发现自己大错特错。我的嘴里布满了锋利的三角形牙齿，上下牙齿交错合拢，不仅可以撕掉皮肉，甚至能咬断骨头。

生性凶猛

    如果有人质疑我的凶猛，我就给大家展示一下我的战斗力。看见那只贴着水面飞行的大鸟没？我这就跃出水面攻击它……今天算它走运，让它跑了，但我还是咬下它一块肉。

如果你看见一条鱼，拥有鲜绿色的背部和鲜红色的腹部，体侧还有斑纹，那就是我了。

确实吃人

    今天河里没有人，要不然我就让你看看我是如何吃人的。曾经，有个倒霉鬼掉进了河里，成为了我的美餐。当时，我和几百个兄弟蜂拥而上，用了几分钟，就把他变成了一副骷髅。

我的小档案

分类：硬骨鱼纲—鲤形目
栖息地：南美洲亚马孙河流域
食物：各种鱼类
天敌：巨骨舌鱼、亚马孙河豚、巨獭等

蝠鲼

　　不了解我的人，一定不会把我和鱼类联系起来，因为我的样子和一般的鱼太不像了，甚至一点儿相似之处也没有。我没有背鳍，身躯呈巨型扁片状，就像是一只在大海中放飞的风筝。

我的头上长着两只头鳍，我就是用它们来驱赶食物，并把食物拨入口内吞食的。

游泳时，我会扇动三角形胸鳍，加上拖着一条硬而细长的尾巴，很像在水中飞翔。

我是温柔的

　　我叫蝠鲼，算得上海洋中的大家伙，能长到 8 米宽，3 000 千克重，再加上样子很奇怪，因此很多人都害怕我。其实，我是很温柔的，从不主动招惹谁，仅以甲壳动物或小鱼小虾为食。

部分国家蝠鲼保护措施		
国家	种类	措施
印度尼西亚	所有蝠鲼种类	保护区内禁止捕捞和制品贸易
澳大利亚	双吻前口蝠鲼和阿氏前口蝠鲼	禁止在海洋保护区侵扰和捕捞
美国	双吻前口蝠鲼和阿氏前口蝠鲼	禁止捕捞和贸易
马尔代夫	所有蝠鲼种类	禁止出口所有蝠鲼制品

我也很无奈

我这么温柔，可是人们却叫我"魔鬼鱼"，说我常常碰断人的骨头，致人于死地。这虽然是事实，但我也很无奈。人们的很多举动常常让我发怒。我一发怒就不自主地扇动"双翅"，伤害他人。

凌空出世

人们赞叹我"凌空出世"的绝技，说我不仅能跃出水面，还能来一个漂亮的空翻，可他们不知道的是，我这样做或是因为我的独子被人欺负了，或者是受到了攻击，或者是被身上的寄生虫折磨得受不了了。

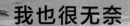

我们有多么古老？

我们蝠鲼是一种非常古老的海洋鱼类，早在侏罗纪时期就在海洋中出现了，因此我的祖先一定见过恐龙的真面目。另外，我们几乎继承了祖先的全部特征，在1亿多年间几乎没有发生变化。

蓑鲉

说到美丽，我肯定不落人下风，我可是世界上最美丽、奇特的鱼类之一。你睁开眼，看看我红褐相间的美丽条纹，是不是非常夺目？是不是和海底缤纷的珊瑚相映成趣呢？

我的身上有 13 根有毒的背刺，分泌的毒液能毒晕甚至毒死其他的小鱼。

我的小档案

分类: 硬骨鱼纲—鲉形目—鲉科

栖息地: 印度洋、西太平洋

食物: 各种小鱼

天敌: 无

威风凛凛的武士

有人叫我蓑鲉，也有人叫我狮子鱼，但我最喜欢别人把我看成穿戏装的京剧演员。我的长鳍是透明的，上面点缀着黑色的斑点，而众多的刺棘也是美丽的装饰，使我看起来像一个威风凛凛的武士。

我的美餐

我和周围珊瑚已经完美融合了，我飘动其中，小鱼很难发现。在确定目标后，我猛地把长鳍收紧，嗖地一下子蹿过去，然后张开嘴，轻轻一咬，那些小鱼就成了我的美餐。

很美却有毒

"越美的东西，越危险"在我身上是最好体现。我的刺棘很美丽，但它们却是含有剧毒的。谁一旦惹毛了我，我就会奋力发起攻击，将毒液注入它的身体，让它在麻痹中慢慢死亡。

十大最致命剧毒海洋动物	
世贝尔彻海蛇	河豚
芋螺	绣花脊熟若蟹
蓑鲉	刺鳐
等指海葵	蓝环章鱼
箱形水母	石头鱼

金 鱼

我叫金鱼,是动静之间美的传奇。我不仅色彩艳丽,形态典雅,游姿优美,而且代表着幸福和吉祥,深受人们的喜爱。我是和人类接触最多的鱼,因为有很多人把我带到家中饲养、观赏。

我的祖先

我虽然叫金鱼,但我的祖先却是鲫鱼。在很多年前,中国古人把我的祖先从野外带到了池塘里饲养。慢慢地,我的祖先开始演化,逐渐变成了形态优美、颜色艳丽的金鱼。

我是金鱼家族中的草种鱼。我的身体侧扁呈纺锤形,胸鳍呈三角形,而且很长很尖。

我的变异

野生鲫鱼——金鲫——草金鱼——文种——龙种——蛋种

我的记忆时间

有人说：金鱼永远不会无聊，因为它的记忆只有7秒钟。我不知道这种荒谬的说法是从哪里来的，我只知道我也会感受疼痛、分辨环境、识别危险、能记得几个月甚至更久之前的事情。

雌雄金鱼形态的区别	
体形	雄鱼体形略长,雌鱼身体较短且圆
尾柄	雄鱼比雌鱼尾柄略粗壮、略长
胸鳍	雄鱼的第一根胸鳍刺较雌鱼的粗硬
生殖器	雄鱼生殖器小而狭长,呈凹形;雌鱼生殖器大而略圆,向外凸起

心情影响颜色

和人一样，我的美丽也受环境和心情的影响。如果是阳光充足的中午，我会很高兴地将一定的颜色和斑纹显示出来。可如果我受伤了，或者环境变差了，我的心境很低落，原本美丽的色彩就会变暗，失去光泽。

射水鱼

人类世界中，优秀的枪手能一枪命中目标，而作为鱼类中的神射手，我同样有这样的本事。这可是我安身立命的独门绝技哦。当然了，我射出的不是子弹而是一股水流。

我的美味

我生活在红树林沼泽中，爱吃生活在水外的、活的小昆虫，例如苍蝇、蚊子、蛾等。当然了，要吃到这些"美味"我要付出一定辛苦的努力，因为天上不会掉馅饼。

我身长只有20厘米左右，长着一对水泡眼，眼白上有一条条不断转动的竖纹。

聪明如我

我可是十分聪明的，不仅能巧妙地计算出水中光线的折射率，还能计算出重力对喷射水柱轨道产生的影响，最终无误地击中目标所在的真实位置。而整个捕食过程，我只需要0.1秒的时间。

惯用的手段

　　用水把小昆虫射下来，是我惯用的手段。我长了一双明亮的大眼睛，视力非常好，能精准定位猎物；我的口腔内有类似于喷水管道的结构，能将水喷射到两三米高，"击落"水面上的猎物。

　　一旦发现合适的对象，我便偷偷游近目标，突然从口中喷出一股水柱，将昆虫打落水中。

主要种类
射水鱼
小鳞射水鱼
寡鳞射水鱼
洛氏射水鱼
七星射水鱼
布氏射水鱼
金伯利射水鱼

后续招数

　　当然，神枪手也有失手的时候。如果没打中猎物，我会偷偷游近目标，重新瞄准、喷水，甚至跳出水面，直接捕食昆虫。对于那些太大的猎物，我通常不会"开枪"，因为我的胃口没那么大。

听鱼类讲故事

动物王国大探秘

听昆虫讲故事

李 航 主编

中国大地出版社
·北 京·

图书在版编目（CIP） 数据

听昆虫讲故事 / 李航主编. -- 北京： 中国大地出版社，
2020.5

（动物王国大探秘）

ISBN 978-7-5200-0516-6

Ⅰ． ①听… Ⅱ． ①李… Ⅲ． ①昆虫－儿童读物 Ⅳ.
①Q96-49

中国版本图书馆 CIP 数据核字（2019）第 272723 号

DONGWU WANGGUO DA TANMI
TING KUNCHONG JIANG GUSHI

责任编辑：张墨嫘
责任校对：李　玫
出版发行：中国大地出版社
社址邮编：北京市海淀区学院路 31 号，100083
咨询电话：（010）66554512
印　　刷：湖北鄂南新华印刷包装股份有限公司
开　　本：787mm × 1092mm　1/16
印　　张：24
字　　数：260 千字
版　　次：2020 年 5 月北京第 1 版
印　　次：2020 年 5 月武汉第 1 次印刷
书　　号：ISBN 978-7-5200-0516-6
定　　价：128.00 元（全 8 册）

前言

地球上各种各样的动物是孩子们十分感兴趣的。这些动物的样子千差万别，生活方式也不相同。鱼儿在水里游来游去，鸟儿在天空自由飞翔，凶猛的狮子、可爱的企鹅、勤劳的小蜜蜂……它们各有各的特点。它们平时的生活到底是什么样的？如果它们会说话，又会对我们说些什么？

在这套书里，我们就带领小朋友们一起走进不同动物的世界，以"听听动物怎么说"的形式，借动物自己的口，向小朋友们讲述不同动物生活中发生的种种趣事。快看吧！史前的恐龙、小小的昆虫、天上的鸟儿、水中的鱼儿……这些海洋动物、陆地动物、水边动物、珍稀动物已经齐齐上阵，准备好了要告诉你它们的秘密。还在等什么呢？快坐好，仔细聆听吧！

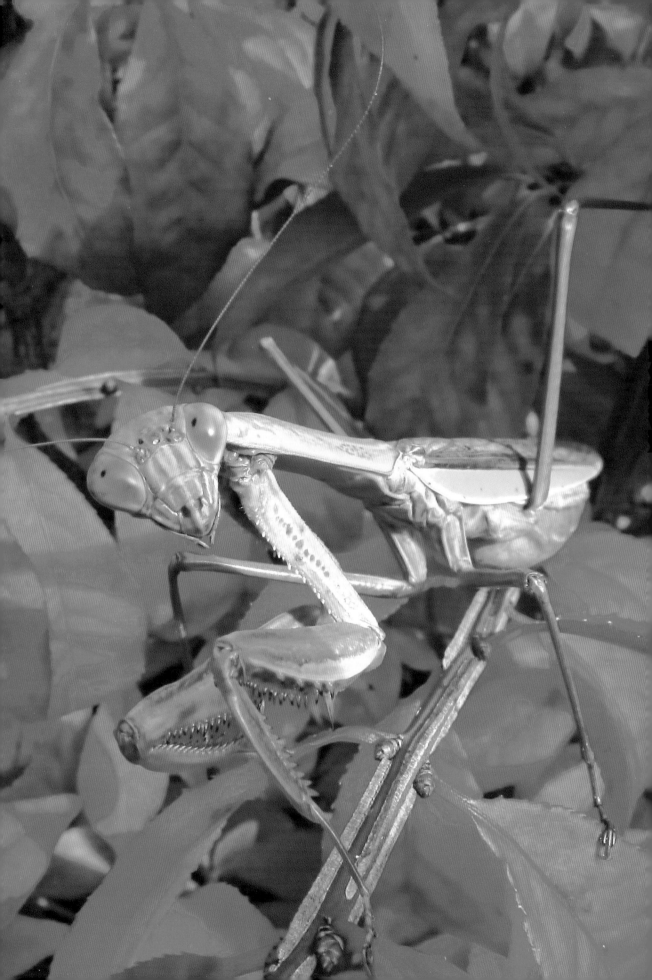

目录

瓢虫

你一定在花园或者田野里见过我的身影。没错，我就是小小的瓢虫。和那些灰不溜秋的大甲虫不一样，我的体色很鲜艳，长得也十分显眼，但我确实也是甲虫家族中的一员。

我的名字叫瓢虫，因为我长得像一个盛水的葫芦瓢，身体是半圆形的，背部向上拱起来，腹部却扁平。

幼年时期

小时候，我的生活是非常单调的，每天都游弋在花草之间，疯狂地捕食蚜虫。不过这段时间也不长，用不了 1 个月的时间我就长大了，身体也会长出坚硬的甲壳。

我们的家族成员

七星瓢虫、二星瓢虫、四星瓢虫、六星瓢虫、双七瓢虫、九星瓢虫、十星瓢虫、十一星瓢虫、十二星瓢虫、十三星瓢虫、十四星瓢虫、二十八星瓢虫、刀角瓢虫、大红瓢虫、红环瓢虫、纵条瓢虫等。

身上的星星

　　假如你见过我小时候的样子，你一定不相信我有一天会变成这样。现在，我披上了一件红色的外衣，上面还有几颗"小星星"。那也是区分我们瓢虫之间不同家族的重要标志。

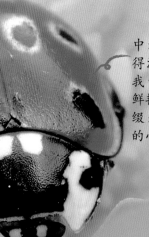

我在甲虫中绝对算是长得漂亮的！看，我的身体颜色鲜艳，上面还点缀着一些美丽的小点点呢！

我身上那半圆形的硬壳其实是我的鞘翅，它可是我最好的保护伞，可以保护我的身体免遭天敌的伤害。

家族大明星

名字：七星瓢虫

长相：红色的外壳，上面有七颗星

食物：蚜虫、蚧壳虫等害虫

特点：害虫的天敌

去捕猎！

　　长大以后的我仍然爱吃蚜虫，当然，还有所有的肉质嫩软的小昆虫。我可不会等它们来自投罗网，而是会主动去搜捕它们。这对我来说很容易，因为我是个技艺精湛的飞行家。

遇到危险

今天过得真够惊险的，我在捕猎时竟然遇到了危险，一只蜘蛛发现了我。还好我抓住机会从腿关节那儿放出了黄水，那可是很臭的！蜘蛛被熏跑了，我也成功脱险了。

自卫本领

我长得太小了，只有黄豆那么大。但遇到危险时，我有很多种方法可以用来自卫。"喷黄水"当然是其中很厉害的一招，但它也不是每次都有用。实在没办法，我就只好装死了，这也是我遇到强敌时常用的方法。

3

天　牛

　　我的名字叫天牛，这当然是因为我身体强壮、力大如牛，还善于在天空中飞翔。其实，我们天牛家族成员众多，体形也不太一样，有的特别大，有的却还不到 1 厘米。

吃吃吃！

　　小时候的事我已经记不清了，不过那时候我也没有别的事，就是一直在吃。妈妈把我生在树皮下面，我就一个劲儿地往树干里钻，一边吃一边挖洞，直到长大了才从树里出来。

我的小档案

分类：昆虫纲一鞘翅目
分布区域：全球，热带最多
食物：各种树木
天敌：啄木鸟、寄生蜂类

树木克星

　　可惜的是，我这一辈子大部分时间都是幼虫，长大后只能活一两个月。而在这之前，我已经在树干里生活了一两年的时间，并且一直在啃食树木，真是树木克星啊！

4

长长的触角

长大以后的我最特殊的标志就是那长长的触角了。我的触角比整个身体还长，但它可不是用来打架的。我会用它来嗅出异性同伴的气味，还能在找东西吃的时候用它来探路。

我们是怎么产卵的？

沟胫天牛：先用上颚咬破树皮，然后将产卵管插入，每个孔产卵一粒，也有产多粒的。

花天牛、锯天牛：直接在树皮缝隙内产卵。

草天牛：把卵产在土壤内。

瞧！我身上的颜色很漂亮吧？还闪烁着强烈的金属光泽呢！我们家族成员的身体颜色也是多种多样的。

我的身体瘦瘦长长的，触角更细长，而且富有弹性。另外，我头的前方还有一对坚实有力的大颚。

金龟子

我们昆虫家族中最大的一类是甲虫，而我，就是甲虫中十分常见的一种。和其他甲虫一样，我身体上也有一层坚硬的甲壳。不过，我当然也有自己的特点啦！

不见天日

我是在地底下出生的，而且整个童年时期都生活在土壤里。那时候我长得也不像现在这么威风，就是一只白白的大胖虫子。等我长大了，才能离开土壤钻出地面。

我头上长着一对神气的角，这可是我们雄性金龟子特有的。不过，我们的角形状长得也并不一样。

小时候的我

名字：蛴螬

长相：白白胖胖，身体常弯成 C 形

食物：幼苗、地下茎

爱吃果树

我喜欢吃的东西挺多的，但基本上都是植物。我特别喜欢吃果树，它们的叶子、花、芽和果实都能成为我的美餐。就因为这个，那些种果树的果农们并不怎么喜欢我。

我爱吃的果树

梨树、桃树、李子树、葡萄树、苹果树、柑橘树

我穿着一件美丽的外衣，那就是鞘翅。仔细看看，我的鞘翅可是会变色的，在阳光下更是光彩夺目。

果农来了！

遇到果农可是很危险的！嘘——别说话！我要装死了！别担心，我这样直挺挺地掉落到地上都是骗人的，等一会儿危险解除了，我就会活过来，继续到树上享受美食。

7

独角仙

你如果曾经见过我，就一定不会忘记我的样子。我可是昆虫中的大个子，看我威武地从你面前爬过去，像不像一辆坦克？当然，最让我自豪的还是我头上巨大的长角。

卵——一龄幼虫——二龄幼虫——三龄幼虫——蛹——成虫

我的一辈子

成长的过程

从生下来到现在，足足过了 8 个月时间，我才长成了这副威武的样子。被孵化成幼虫后，我还要经历 3 次蜕皮，然后化成蛹，再蜕最后一次皮，才能化成虫。

"独角"是我最鲜明的标志。我的长角不仅雄壮有力，还长得非常独特，顶端有分叉，叉的末端还有分叉。

我的家

我的家在一片茂盛的树林里，这里的环境很好，很适合我和同伴们生存。小时候我们主要吃那些腐烂了的植物，长大后就可以吃树木的汁液或者熟透的水果啦！

8

大力士

看看我的样子，就知道我是昆虫家族的大力士。不信咱们比比！我可是能拉动比我自己身体重十几倍的东西！你别看我身体这么大，我还有一对有力的翅膀，可以飞起来。

我的身体是椭圆形的，颜色呈深褐色，背上高高隆起，还有3对强壮有力的长足，爬起来很稳。

当心被抓！

其实我对树木的危害并不大，但人们还是很喜欢抓我。这都是因为我长得太威风了！所以他们常把我们抓去当宠物。他们把我们放在一个小箱子里，还喂水果给我们吃。或许你觉得这听起来还不错，但我可不喜欢这种监狱生活！

9

蜣 螂

　　说起我的学名，你可能觉得很陌生。但你一定听过我的俗名，那就是"屎壳郎"。没错，我就是以推粪球著称的、大名鼎鼎的食粪昆虫，也是大自然最好的"清洁工"。

我的别称
推丸、滚粪牛、屎蚵蜋、滚粪郎、铁甲将军、黑牛儿

　　我是一种大型的甲虫，身体是黑褐色的，带有一定的光泽。我的头部比较扁平，前腿十分矫健。

粪球里出生

　　我是在粪球里出生的。这粪球可是妈妈为我出生准备的最好的礼物，它让我可以不用为食物发愁，无忧无虑地长大。从孵化的那天起，我就在粪球里不停转动着进食。

慢慢长大

我的整个童年都是在粪球里度过的，随着粪球里面被慢慢吃空，我也逐渐长大了。当然，我并不是真的在吃粪球，而是在食用动物粪便中的微生物和营养物。

拿手绝活

现在，我从粪球里出来了，很快也要成为一个妈妈。因此，我要先去找到一些动物的粪便，然后用腿把它滚成一个圆球，运回家里储藏起来。这可是我的拿手绝活！

我是这样推粪球的：用后足紧紧勾住粪球，尾部高高翘起来，前足撑住地面，一步一步地把粪球向后推。

我的推粪工具

1. 头前方带钉的半月形铲刀，便于把粪便收集到一起。

2. 扁平的腿，有利于挖掘和整理粪球。

3. 腿边的锯齿状结构，可以很好地切割粪球。

11

萤火虫

你要是在夏天的夜晚来过郊外的树林或草地，就一定见过我。我是一种会发光的昆虫，所以很多小朋友都会把我误认为小星星。和星星一样，我的光在白天也是看不见的。

我是一种小型的甲虫，身体扁平细长，头很小，喜欢生活在潮湿、多水、杂草丛生的地方。

从小就发光

发光是我与生俱来的本领，从我还是一颗卵的时候就会发光了。别担心！我的光可不是什么火光，它不仅没有火焰，基本上也没什么热度，绝对不会把我烧坏的。

我的小档案

分类:昆虫纲—鞘翅目

分布区域:热带、亚热带和温带地区

食物:蜗牛、螺等

天敌:蜘蛛、蛙等

爱吃蜗牛

我喜欢吃肉,尤其爱吃蜗牛。不过,蜗牛比我大得多,还背着一个硬壳,所以我可不会和它硬碰硬。我会先给它来一针"麻醉剂",等它失去知觉后,再慢慢吃掉它。

光的"语言"

我发光当然不是毫无用处的。事实上,这光就是我和同伴之间的交流"语言"。我们用光发出不同的信号,就能轻轻松松地交流啦! 另外,这光有时候还能吓跑敌人呢!

我的发光器位于腹部,但我和同伴们之间发出的光颜色并不一样,有绿色的,也有黄色或者琥珀色的。

13

蝴　　蝶

世界上最美的昆虫是什么？那当然是我们蝴蝶啦！在这一点上，我可是不会谦虚的。不然你说说，除了我们，昆虫世界里谁还有这样色彩斑斓的翅膀和飘飘若仙的舞姿呢？

毛毛虫

我可不是一生下来就这么漂亮的，小时候有一段时间我就是一条难看的毛毛虫。那时候我也不会飞，只会不停地吃。到了冬天，我就变成了蛹，春暖花开时才从蛹里飞出来。

蝴蝶之最	
最大的蝴蝶	大鸟翼蝶
最小的蝴蝶	蓝灰蝶
飞行最远的蝴蝶	君主斑蝶
翼振最慢的蝴蝶	金凤蝶
翅形最长的蝴蝶	长翅大凤蝶
最会伪装的蝴蝶	枯叶蝶

我的翅膀颜色绚丽、五彩缤纷，漂亮极了。它不仅可以用来吸引心仪的异性，还能用来伪装自己呢！

美丽的翅膀

　　我长得这么漂亮,当然和这对美丽的翅膀有很大的关系。我的翅膀上有很多细小的鳞片,形成了绚丽多彩的图案。不仅如此,这些鳞片还是我的雨衣,使我在下小雨时也能飞翔。

我的一辈子

卵　　　　毛毛虫　　　　蛹　　　　　成虫

在花间飞舞

　　平时,我喜欢在花间飞舞,那是因为我爱吃香甜的花蜜。你看,我的嘴巴是一根中空的"吸管",平时是卷起来的,遇到鲜花就伸展开来,吸食花朵深处的蜜汁。

　　阳光灿烂的日子里,我总喜欢在花丛中飞来飞去。当我停下来休息时,翅膀总是竖立在背上。

蛾

和我的蝴蝶亲戚比起来，我好像没有那么引人注目。其实我们家族中也有一些成员，长着和蝴蝶一样美丽的翅膀。不过，大多数种类还是和我一样，看起来颜色比较黯淡。

和蝴蝶的区别

蝴蝶：白天活动，身材纤细，有复眼，触角都是棒槌状的。

蛾：夜间活动，体形丰满、多毛，没有复眼，触角有多种形状。

素食主义者

从小到大，我都是不折不扣的素食主义者。小时候我的嘴能咀嚼，就吃植物的叶子。长大以后，我的嘴巴就变成了和蝴蝶一样的长"吸管"，可以用来吸食树汁和花蜜。

我的身体比较粗壮，颜色也比较黯淡，看起来没有蝴蝶那么赏心悦目。我也不喜欢在阳光下飞。

我的翅膀上也覆盖着一层粉末状的鳞片。休息时，我会把翅膀平伸着，看起来像个小帐篷一样。

夜间出没

和我那爱出风头的亲戚蝴蝶不一样，我不喜欢在白天出来，总是要等到夜里才出来活动。不用担心我看不见，因为我的嗅觉和听觉都特别灵敏，所以十分适合夜游生活。

为什么要扑火？

有时候，我会把火光错当成月光。因为火离得太近，我就会产生错觉，感觉光线的角度一直在变化，只好不停地调整方向。这样一来，我就总打着转儿围着火光飞，一不小心就"扑火"啦！

跟着月光走

虽然我总在夜里出没，但还是喜欢光的，我总是利用明亮的月光来判断方向。我有一项特殊的本领，只要看到月光，就能感觉到光线的角度，一直沿直线前进。

17

蚂　蚁

说起我的名字，大家一定都知道。我可能是这世界上最常见的昆虫了，不管在哪儿，你都能看见我们的身影。因为长得实在太弱小了，所以我们总是成群地生活在一起。

排队前进

我们出去工作时，身体会释放出一种只有同类才能闻得到的气味。这样，就算我走在后面，也能凭着这种气味跟上前面的同伴。我们一只跟着一只，就像排着队一样，再忙碌也不会走乱。

我们的王国

我想你也发现了，我们蚂蚁从来不单独行动，而是过着有组织的社会生活。我们的王国里有蚁后、雄蚁、工蚁、兵蚁等不同的成员，分工也不同。而我，就是一只小小的工蚁。

工作时间

　　和我的名字一样，我的主要职责就是工作。每天，我都要和我的小伙伴们一起出去寻找食物，以保证我们王国里的每个成员都有东西吃，尤其是蚁后和王国里的小宝宝们。

　　我的身体可以分成头、胸、腹3节，有6条腿。我们工蚁是没有翅膀的，但雄蚁和蚁后有翅膀。

　　我和我的工蚁小伙伴们总是成群结队地去找食物，我们会通过互相触碰触角来交流信息。

我们的家族成员			
蚁后	雄蚁	工蚁	兵蚁
蚁群之主，专管产卵繁殖，一般一群只有一个	负责与蚁后交配，交配后就会死亡	蚁群的主要成员，负责觅食、饲养幼蚁、清扫等勤杂工作	蚁群的保卫者，担负着护卫蚁群的安全的责任

建筑高手

　　冬天要来了，我们要开始扩建蚁穴了。别怀疑，我可是动物世界赫赫有名的建筑师呢！这个蚁穴就是我们一点一点建成的，里面有许多不同功能的房间，而且还安全、舒适。

切叶蚁

你认识我吗？我是切叶蚁，生活在亚马孙热带雨林里。听名字就知道，我也是一种蚂蚁，但却不是普通的蚂蚁，因为我会自己种植蘑菇。怎么样？听起来是不是很酷？

我的牙齿像刀子一样锋利，可以通过尾部的快速振动使牙齿产生电锯般的震动，把叶子切下新月形的一片来。

切树叶

从我的名字里，你大概可以判断出我会切树叶。的确是这样，我和同伴们会爬到雨林里的树上将叶片切下来。但这并不是因为我们爱吃树叶，我们只是要用这些叶片来种蘑菇。

我的小档案

分类：昆虫纲—膜翅目
分布区域：美洲地区
食物：蘑菇等真菌
天敌：寄生蝇类

蘑菇园

瞧！这就是我们的蘑菇园。现在叶片已经带回来了，我们要把它们继续切割成更小的块，然后等它们发酵，长出蘑菇来。我们还用毛虫的粪便来为蘑菇施肥，希望它们长得更好。

保卫家园

　　蘑菇园里有我们所有成员的口粮，可是总有些无耻的家伙想要抢夺我们的劳动成果。我们当然不能让它们得逞，我们会让兵蚁寸步不离地守着蘑菇园。

建立一个新王国

　　1.蚁后带着菌种寻找合适的地方，脱去翅膀，生下子民。

　　2.将菌种种下，开创蘑菇园，并哺育子民们长大。

　　3.工蚁继续开辟蘑菇园，兵蚁保卫园地，分工合作。

　　我的体力很好，能背着切下来的叶子一口气狂奔回蚁穴。要知道，这叶子可比我大多了！

21

蜜　蜂

"嗡嗡嗡，嗡嗡嗡——"要是你在花园听到这样的声音，别怀疑，那就是我在工作。我和蚂蚁类似，也是成群生活在一起的，王国里也有蜂后、雄蜂、工蜂等不同的成员。

去找吃的

现在，我要去找吃的了。听名字就知道，我们喜欢吃花蜜。所以，趁着白天天气好，我会和我的工蜂同伴们一起去花园里采蜜。瞧，这里的蜜源不错，我得赶紧回去跳个舞通知大家！

我的一辈子

卵——幼虫——蛹——成蜂

看，我正在采蜜呢！我的嗅觉很灵敏，能够根据气味来识别不同的花蜜。

我的身体是黄褐色的，上面还长着细细的绒毛。在我的肚子下面有一根螯针，这是我的自卫武器。

酿造蜂蜜

采完蜜，我们就把花蜜带回蜂巢。那里有专门负责酿蜜的小伙伴，它们会把花蜜吸进胃里再吐出来，反复几次后，把蜜存放在蜂巢里一段时间，再用蜡将巢房封上，蜂蜜就酿好啦！

我的房间

趁着现在有时间，我可以带你参观一下我们的蜂巢。你看，我们的蜂房全是六角形的，因为这样最能合理利用空间。这里既紧密牢固又通风透气，住着别提有多舒服了！

23

蚊　子

我想你可能不太喜欢我,因为你一定被我叮过,那滋味可不好受。我确实喜欢吸血,不过那并不是因为嘴馋,而是为了繁殖下一代。而且,我们家族也并不是所有成员都吸血。

小时候的生活

名字:孑孓
长相:深褐色,身体细长
食物:水里的微生物
特点:游泳时身体一屈一伸的

水里长大

我是在水里出生,水里长大的。小时候的我和现在长得完全不一样,没有翅膀,也不会飞,倒是会游泳,要经过好几次蜕皮,再结成蛹,最后破蛹而出后,我才变成现在的样子。

我的身体和脚都是细长的,有一个刺吸式的口器,就像一根注射用的针头一样,可以用来吸血或植物汁液。

24

叮人的秘密

我们家族中只有母蚊子才叮人，那些公蚊子是不叮人的，它们主要吃花蜜和植物的汁液。而母蚊子叮人，则是为了寻找一种叫异亮氨酸的东西来帮助产卵。

我有一对薄薄的翅膀，并不宽大。我一秒钟能振动翅膀几百次，所以飞行时能发出"嗡嗡"的声音。

传播病菌

虽然有点儿不好意思，但我不得不说，我们蚊子有时候确实会在叮人的时候传播病菌。要是我上一个叮过的人有某种传染病，我再叮下一个人时，就有可能把病传染给他。

我爱叮什么样的人？
汗腺发达、体温较高的人
劳累或呼吸频率较快的人
新陈代谢快的人
孕妇

25

蝉

夏天的午后，你一定听见过外面大树上传来的一阵阵"知了，知了"的声音，那是我和同伴们在集体歌唱。没错，我就是昆虫家族中大名鼎鼎的音乐家——蝉。

我不是用嘴唱歌的，我的发声器官在腹部。只有我们雄蝉才是真正的唱歌能手，雌蝉根本不会发出声音。

我的小档案

分类：昆虫纲—半翅目

分布区域：热带、亚热带和
温带地区

食物：树的汁液

天敌：螳螂等

地底下的时光

在昆虫世界里，我算是长寿的了，能活好几年时间。但遗憾的是，我大部分时间都在地底下度过。我是在树上出生的，但刚孵化出来就顺着树干爬下来，钻到地底下去了。

我的嘴像针一样，是中空的。口渴或饥饿的时候，我就把细长的嘴插入树干，吸食汁液。

尽情欢唱

　　在地底下的黑暗中过了两三年，我才蜕去外壳，来到阳光下。但这时，我的生命也只剩下几个月时间了。所以，我可要抓住这宝贵的时间，尽情地在温暖的阳光下欢唱了！

吃饭时间

　　从小到大，我都是靠吃植物的汁液为生的，基本不吃别的东西。小时候我主要吸取树木根部的汁液，现在可以到树干上来吃了。我的嘴巴很坚硬，可以直接插入树干来吸吮树汁。

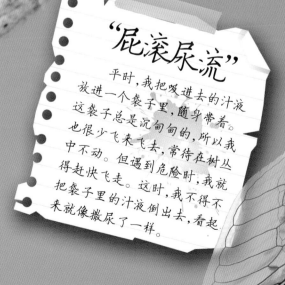

"屁滚尿流"

　　平时，我把吸进去的汁液放进一个袋子里，随身带着。这袋子总是沉甸甸的，所以我也很少飞来飞去，常待在树丛中不动。但遇到危险时，我就得赶快飞走。这时，我不得不把袋子里的汁液倒出去，看起来就像撒尿了一样。

蟋蟀

每个宁静的夏夜,你如果仔细倾听,便会听到草丛中传来阵阵清脆悦耳的鸣叫声,这是我们蟋蟀在开"音乐会"。我们不仅是昆虫中著名的音乐家,还被称为"天下第一斗虫"。

我有3对足,前足和中足差不多粗细,后足却十分发达,善于跳跃,还能在盖"房子"时派上大用场。

独居生活

我生性不爱热闹,喜欢一个人生活。从很小的时候起,我就独自生活在这片田野上,饿了就出去找花生等的幼苗吃,冬天就钻到土里去。我喜欢安静,总是在夜里才出去活动。

我的歌声有什么用?

1. 求偶。遇到心仪的对象,我会温柔地唱起情歌,向它表白。

2. 战斗时的号角。在和别的同伴争斗时,我也会高唱凯歌,以壮声威。

捍卫领地

除了繁衍后代之外，我绝不会和其他同伴住在一起。我也不能容忍它们侵犯我的领地，只要遇到就会和它们打斗。另外，为了赢得爱情，我也要和那些雄性同伴们决斗一番。

我的身体是黑褐色的，体形粗壮，头上还长着又细又长的触角。我的"歌声"其实是靠摩擦翅膀发出的。

盖房子的步骤

1. 挑选地方。
2. 开始挖掘。用前腿扒土，搬掉较大的土块。用后腿踏地，后腿上有两排锯齿，用它将泥土堆到后面，倾斜地铺开。
3. 挖好后，还要不停地整修。

自己盖房子

十月秋高气爽，我要开始盖房子了。我先选好一个采光条件好、排水优良的地方，开始一点一点地挖掘。这房子我要住很久，所以要认真地建造，将它收拾得舒适、整洁。

螽　斯

提起昆虫界的"演奏家"，你一定会想到我的亲戚——蟋蟀。其实，我也是昆虫"音乐家"中的佼佼者。我的名字听起来陌生吗？我还有一个常用的名字呢，那就是蝈蝈儿！

我长得和蝗虫很像，但触角特别细长，甚至比我的身体还要长。我还有一对强壮的后腿，善于跳跃。

我的生活

从小到大，我都生活在这片草丛中，喜欢吃植物的嫩茎，但我也有些同伴爱吃肉。从卵里孵化之后，我又蜕了好几次皮，才长成现在的样子。

我总是生活在低矮的草丛或灌木丛中。炎热的夏天，我就和同伴们在这里大声歌唱。

和蝗虫的区别
蝗虫：身甲坚硬，触角又粗又短。

螽斯：身甲没有蝗虫那么硬，触角却又细又长。

30

保护自己

　　我当然也有天敌，比如蜘蛛、螳螂等。但我也有一套保护自己的方法，那就是伪装。我的身体和周围草丛的颜色很像，我会把自己伪装成树叶或枯叶，所以天敌很难发现我。

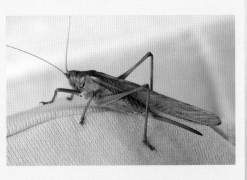

我的"乐器"

　　和我的亲戚蟋蟀一样，我的"乐器"也长在翅膀上，靠摩擦来演奏。而且，我弹奏出来的声音要比蟋蟀的声音更响亮、更尖锐，也更加刺耳，有时甚至能传到百米之外的地方呢！

有意思的腿

　　我的"耳朵"长在前腿上，那是一个长卵圆形的裂缝，里面有一个小皮囊，囊底部是一层绷紧的薄膜，我就是通过它来听到声音的。我的后腿强壮有力，遇到危险时能快速弹跳来躲避。要是不小心被捉住了后腿，我就舍弃后腿赶紧逃走。

31

蝗　虫

　　我的名声并不算太好，一说起我，大家都会想起"蝗灾"。这真是件让人遗憾的事！谁不希望自己受欢迎呢？闹成这样我也没办法，毕竟，我们吃庄稼也只是为了生存而已。

　　我的触角并不长，它不仅可以感觉到前方的物体，上面还有嗅觉器官。

为什么喜欢群居？

　　我们的妈妈为了让我们生活得更好，总会严格挑选产卵场所。而符合要求的地方那么少，妈妈好不容易找到一块地方，就要多产些卵。所以，我和小伙伴们打从一出生就在一起，长大后也没想过要分开。

成群活动

　　我很少单独出没，总喜欢和伙伴们成群生活在一起。我们的生命力十分顽强，能栖息在各种场所。不管是在山区还是森林，甚至在沙漠里，你都有可能看见我们家族成员的身影。

跳远高手

我有一对强壮的后腿，善于跳跃，一受到惊吓就会迅速跳起。别看我个子小小的，跳起来却是很惊人的。瞧！我一下子就能跳到很远的地方，是不是名副其实的"跳远高手"？

我的体形较大，嘴巴是咀嚼式的，还有一对带齿的大颚，异常锋利，能轻易地咬断植物的茎叶。

长途迁徙

我生活的地方遭遇了旱灾，东西都不够吃了。为了寻找食物，我们家族只好进行了一次大迁徙。路上，我们把能找到的庄稼都吃了。所以，那些辛苦耕作的农民都不喜欢我们。

我的一辈子

卵

一龄若虫 → 二龄若虫 →
三龄若虫 → 四龄若虫 →
五龄若虫（跳蝻）

成虫（蝗虫）

蝽象

　　我的大名叫蝽象，听起来是不是还不错？但我还有一些小名，就不怎么好听了，比如说"放屁虫""臭大姐"。这些名字都和臭有关，是因为我会放出一种难闻的臭味。

只能吸食液体

　　我们家族有很多成员，大家爱吃的东西并不一样。我和大部分同伴都喜欢吃植物的汁液，但也有一小部分喜欢吃小虫子。不管吃什么，我们的嘴都只能吸食汁液，不能吃固体食物。

　　我有一对长长的触角，可以分成5节，第一节是圆筒状的，而且比较粗，到了后面就成了扁而细长的。

我的小档案

分类：昆虫纲—半翅目

分布区域：亚洲、中美洲

食物：树的汁液或昆虫

天敌：螳螂、蜘蛛等

胸部"放屁"

虽然有个俗名叫"放屁虫"，但其实我放出来的臭味并不是屁。我有一个专门制造臭味的地方，它的开口就在我的胸部。遇到敌人时，我就会快速制造出臭液，从胸部放出来。

我身体扁扁的，头很小，背后还有两对翅膀，前翅比较硬，后翅却是一层薄膜。

我们吃什么

吃水稻：稻黑蝽、稻褐蝽、稻绿蝽、稻小赤曼蝽

吃果树：荔蝽、硕蝽、麻皮蝽、茶翅蝽

吃蔬菜：菜蝽、瓜蝽

吃昆虫：蝎蝽、疣蝽

放臭味

假如你在路上看见了我，千万别忽然吓我。不然，臭到你我可不负责哦！我要是受到惊吓，就会分泌出一种臭臭的液体，让四周变得臭不可闻。这可是我保护自己的绝招！

35

蜻 蜓

我想大家对我并不陌生。只要你曾经到过池塘边，就一定见过我在阳光下自在悠闲地飞翔的情景。我的翅膀是薄而透明的，身体也十分修长，在昆虫家族中绝对算长得漂亮的。

点水的秘密

有时候你会看到我们蜻蜓在点水，那其实是在产卵，我的妈妈也是这样把我生在水中的。我在水里慢慢长大，过了两年左右，才变成了现在这个样子。

当我快要变成蜻蜓的时候，我会先爬出水面，爬到植物的茎秆上，然后蜕去旧皮，变成蜻蜓。

我想我最引人注意的地方就是我的两只大眼睛了。不过，它们其实是由大约20 000只小眼睛组成的复眼。

向我学习！

我的翅膀前上方有一块黑褐色的"翅痣"，有了它，我在飞行的时候就不会因为震颤而折断翅膀了。聪明的人类发现了我的秘密，就模仿"翅痣"在飞机翅膀前端装了一块长方形金属板，这样一来，飞机就不会因为震颤而引起飞行事故了。

飞行高手

现在我是一只成年蜻蜓了,但最爱吃的食物还是蚊子,有时也会吃些蝇、蛾子之类的东西。别看我的身子有些单薄,我的飞行本领可是昆虫中最好的,连善于飞行的鸟儿都自叹不如。

小时候

这是我以前在水里生活时的一张照片。那时我还不叫蜻蜓,叫水虿。你看,我正静静地待在水底,等待着蚊子的幼虫——孑孓自投罗网。它们可是我那时候最爱吃的美食了!

我的小档案

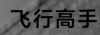

分类:昆虫纲—蜻蜓目
栖息地:温带和热带大陆
食物:蚊子和蝇等
天敌:鸟类和蛙等

37

螳　螂

你一定觉得昆虫都是弱小的，事实上也的确是这样，大部分昆虫都只能危害一下可怜的植物。但我可不一样！我是昆虫王国出了名的"霸王"，也是一个天生的好猎手。

就爱吃肉

我是个彻彻底底的肉食主义者，一顿没有肉都不行。那些蝉、蝗虫之类的小昆虫当然是最好捕捉的了，有时候，我也想改善一下伙食，去捉点小鸟、蜥蜴或者蛙来吃吃。

我是一种大型的昆虫，有一个三角形的头，头上大大的眼睛能帮助我精确地发现和锁定猎物。

我的捕猎系统	
灵活的头颈	发现猎物
大大的眼睛	精确地锁定猎物
前腿上长长的尖刺	牢牢抓住猎物
前腿末端的钩子	钩住猎物
有力的口器	咬穿昆虫的硬壳

两把"大刀"是我最明显的标志。那其实是我的前腿，上面有一排坚硬的锯齿，末端还各有一个钩子。

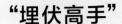

"埋伏高手"

捕猎可不是一件简单的事，那些家伙哪个都有一套自保方法。所以，我可不会轻举妄动。先找个地方埋伏起来吧，越隐蔽越好！等它们走近了，我就以极快的速度扑上去。

从没失手过

要说传授捕猎的经验，我可不会谦虚。我告诉你，捕猎最关键的就是要快！速战速决，看准了赶紧下手，整个捕猎过程用不了1秒钟。我用这个方法捕猎，还从来没有失手过呢！

为什么吃掉自己的丈夫？

我们螳螂有个不好的名声，是说新娘在新婚之夜会吃掉新郎。这当然不是因为那些新娘贪吃，而是因为饿坏了！为了有力气繁殖下一代，那些可怜的新娘才采用这么极端的方式。不然，谁会没事吃掉自己的丈夫呢？

39

竹节虫

你好！我是竹节虫。你可能没有听过我的名字，没关系，接下来我就为你详细介绍一下我自己。我可是昆虫界出了名的"伪装大师"，相信你一定会喜欢我的！

我总是安静地待在树叶上，将3对细长的腿伸展开，看上去就像在微风中抖动的竹枝一样。

神奇的闪光

我的有些同伴也是会飞的，它们长有翅膀，要是遇到危险，它们身上会突然发出一种一闪而过的彩光，当它们着地收起翅膀时，这种光就很快消失了。这种神奇的闪光，也是我的同伴们躲避危险的一项绝技。

生活在树林里

从小到大，我都生活在树林里。妈妈把我和我的兄弟姐妹们生在树叶上，那时候我们还是圆圆的卵，就像植物的种子一样。等到孵化以后，我们就靠吃新鲜的树叶长大。

40

找不到我

　　没什么事的话，我绝对不会离开这片树林。我也不怕被发现，因为我有高超的伪装技术。我的整个身子酷似一节竹枝，颜色也和竹枝很像，不仔细看，你能从树丛中找到我吗？

逃跑绝招

　　虽然我的伪装本领十分高强，但还是免不了会被一些眼尖的家伙看见。你瞧，那只小鸟好像发现我了！我得赶紧收拢胸足，跌落到树下去装死，再找机会溜之大吉。

我的身体又细又长，没有翅膀，长得好像一根竹节。值得一提的是，我是世界上最长的昆虫。

我们的特点

　　1.最长的昆虫，体长可达33厘米。

　　2.全世界约有2 200余种。

　　3.大多不能飞翔。

　　4.生活在树林或竹林里，以树叶为食。

　　5.常在夜间活动。

听昆虫讲故事

动物王国大探秘

听水边动物
讲故事

李 航 主编

中国大地出版社
·北京·

图书在版编目（CIP）数据

听水边动物讲故事 / 李航主编. -- 北京： 中国大地出
版社，2020.5
　　（动物王国大探秘）
　　ISBN 978-7-5200-0516-6

　　Ⅰ．①听… Ⅱ．①李… Ⅲ．①水生动物—儿童读物
Ⅳ．①Q958.8-49

　　中国版本图书馆 CIP 数据核字（2019）第 278095 号

DONGWU WANGGUO DA TANMI
TING SHUIBIAN DONGWU JIANG GUSHI

责任编辑：张墨嫘
责任校对：李　玫
出版发行：中国大地出版社
社址邮编：北京市海淀区学院路 31 号，100083
咨询电话：（010）66554512
印　　刷：湖北鄂南新华印刷包装股份有限公司
开　　本：787mm × 1092mm　1/16
印　　张：24
字　　数：260 千字
版　　次：2020 年 5 月北京第 1 版
印　　次：2020 年 5 月武汉第 1 次印刷
书　　号：ISBN 978-7-5200-0516-6
定　　价：128.00 元（全 8 册）

前言

　　地球上各种各样的动物是孩子们十分感兴趣的。这些动物的样子千差万别，生活方式也不相同。鱼儿在水里游来游去，鸟儿在天空自由飞翔，凶猛的狮子、可爱的企鹅、勤劳的小蜜蜂……它们各有各的特点。它们平时的生活到底是什么样的？如果它们会说话，又会对我们说些什么？

　　在这套书里，我们就带领小朋友们一起走进不同动物的世界，以"听听动物怎么说"的形式，借动物自己的口，向小朋友们讲述不同动物生活中发生的种种趣事。快看吧！史前的恐龙、小小的昆虫、天上的鸟儿、水中的鱼儿……这些海洋动物、陆地动物、水边动物、珍稀动物已经齐齐上阵，准备好了要告诉你它们的秘密。还在等什么呢？快坐好，仔细聆听吧！

目录

河 马

你知道我叫什么名字吗？
我叫河马。当你听到这个名字时，
你一定觉得我的名字与我的身体很不相
称。确实，我也这么觉得，因为我的身形没有马
那般健美，倒是更像猪。

我的皮肤很厚，呈紫褐色，全身除了尾巴、耳朵和嘴巴前端有点儿
毛之外，其他地方都光溜溜的。

我的小档案

名字：河马
分类：哺乳纲一偶蹄目
栖息地：非洲水域
食物：水草、庄稼等
天敌：斑鬣狗、非洲狮等

腿不争气

告诉你吧，我的身体有3米多长，
身躯也很粗壮，体重超过了一辆小汽
车。只可惜我的腿很不争气，实在太
短了，所以尽管我比大象小不了多
少，但身高比那家伙矮了一大截。

1

我有一张大嘴巴

看，我的嘴巴特别大，要是完全张开的话，把你整个吞下去绝不是问题。不过你不用担心，我主要吃水里的植物，有时也吃陆地上的植物，只在食物短缺时才吃点肉。

我的下颌上长有两颗很长的獠牙，它们将近半米长，而且非常坚硬，是我保护自己的重要武器。

我的鼻孔、眼睛和耳朵几乎处在同一平面，而且每一侧的鼻孔、眼睛、耳朵几乎在一条直线上。

比我大的陆地动物	
非洲象	长 6~7.5 米，高 3~4 米
亚洲象	长 5~6 米，高 2.1~3.6 米
白犀	长 3.4~4.2 米，高 1.7~2 米
印度犀	长 3.5~3.9 米，高 1.7~2 米

我当妈妈了

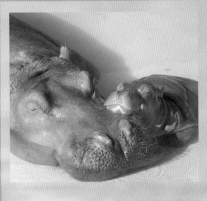

看！我现在当上妈妈了，旁边就是我的孩子，它是不是可爱极了？告诉你吧，我们河马怀孕时，你最好离我们远点，不要打扰我们，否则我们会大发脾气的，到时就别怪我们不客气了。

下水泡个澡

我得赶紧下水泡泡了。我要是长时间离开水，皮肤就会干裂，所以我必须经常在水里泡。别担心我会在水里淹死，我可是个游泳高手呢，而且还可以潜到水里去。

河 狸

你好！我是河狸。别看我长得像只老鼠，其实我比老鼠大多了，我的身体可以长到 0.5~1 米，老鼠还不及我的一半呢。由于数量很少，我们受到了特殊保护，我真是太高兴了。

大建筑师

我是一只刚成年的河狸，得考虑安家落户的事情了。这对我来说其实一点儿也不难，因为我是动物界的"大建筑师"，只需一些树枝、石块和泥土，我就可以在河边建起一道完美的水坝。

动物界的其他建筑师
1. 白蚁
2. 织巢鸟
3. 胡蜂
4. 鹦鹉螺
5. 蜘蛛

我的尾巴宽宽的，扁扁的，上面没有毛，而是覆盖着很多鳞片，与我毛茸茸的身体很不相称。

河狸香

不好！树林里来了几个人，他们来干什么？哦，我猜到了，他们肯定是冲着我的"河狸香"来的，我还是躲躲吧。河狸香是我屁股后面的一种名贵香料，很多人都想拿它挣黑心钱。

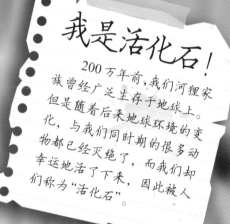

我是活化石！

200万年前，我们河狸家族曾经广泛生存于地球上。但是随着后来地球环境的变化，与我们同时期的很多动物都已经灭绝了，而我们却幸运地活了下来，因此被人们称为"活化石"。

门牙锋利

现在，我正在啃一根倒下的树干，这根树干比我的身子还粗，不过我的牙齿很锋利，只要两个小时的工夫，我就能把树干咬断。然后，我要把地上的树皮、树根都吃个精光。

浣熊

　　大家好！我叫浣熊。你们知道我的名字是怎么来的吗？这是因为，人们误以为我捕捉到食物后，会先在河边浣洗一下，然后放进嘴里吃，所以人们给我取了"浣熊"这个名字。

我的脚上有 5 个脚趾，脚趾是分开的，很适合抓东西。

我不是熊

　　我的名字中虽然有个"熊"字，但你千万别以为我是一种熊。你看看，我的身体十分娇小，只有 40~70 厘米长，与那些长达 2~3 米的熊比起来，我简直就是一个小不点儿。

我的耳朵尖尖的，其实并不灵敏。

我的生活地区
1.北美洲
2.南美洲
3.欧洲

6

我的身份证

我眼睛周围的皮毛是黑色的，而脸上其他部位是白色的，凭借这个特征，你就可以认出我来。我们浣熊身上的毛有的是灰色，有的是棕色，有的甚至是全白的。

捕食去了

不跟你说了，我捕食去了。在春天和初夏，我主要吃昆虫、蠕虫，到了夏末和秋冬，我会吃一些水果和坚果。有时我还吃鱼、鸟蛋，但基本不吃大猎物，我也没那个本事。

我的小档案

名字：浣熊

分类：哺乳纲—食肉目

栖息地：北美洲水域

食物：鱼、昆虫、蠕虫、核桃等

天敌：美洲狮、狼、狐狸等

水　獭

我叫水獭。注意！"獭"这个字不读 lǎn，而读 tǎ，所以千万别把我的名字读错了。世界各地都有我们的身影。

流线形身体

我的身体呈流线形，长度在 70 厘米左右。我的家在靠近水边的树根、树墩、芦苇或灌木丛中。我最喜欢的食物是鱼，另外我还会吃小鸟、青蛙、虾、螃蟹等。

惊人一幕！

我们虽然看上去很本分，但也有性情凶猛的一面。2014 年，我们家族中的一员在美国国家公园攻击了一条企图欺负它的鳄鱼，这一幕被一个摄影爱好者及时拍了下来，结果把全世界的人都震惊了。

我的尾巴比较扁，长度超过了身体长度的一半，接近屁股的地方很粗，往后变得越来越细。

水中的舞蹈家

我很擅长游泳，每分钟可游 50 多米。我游泳时一会儿左，一会儿右，一会儿上，一会儿下，动作十分灵活。在紧急情况下，我还可以像海豚一样在水面上跳跃。

身上都是宝

我身上的皮毛油光发亮，看上去很华丽，而且几乎不沾水，保温性能也很好。正因为身上的宝贝，我经常遭到不法分子的捕杀。

我脖子下面的毛一般是灰白色，但颜色会随着季节发生改变，到了夏天会变成略带红棕色。

我小时候怎么学游泳？

我出生快两个月后，妈妈就会带我和兄弟姐妹们出来活动，并开始教我游泳。一开始，我有点儿怕水，妈妈很着急，一边催促一边给我做示范。但是其他兄弟姐妹不怕水，一下子就扎进了水里。妈妈只好把我背在背上，和它一起下水。一周以后，我就学会了游泳。

青　蛙

呱！呱！呱！我是一只小青蛙。在池塘、河边、稻田、草丛等地方，你经常可以看到我的身影。我穿着一身绿色皮大衣，有两只鼓鼓的大眼睛，是捕捉农田害虫的专家。

两栖生活

我小时候生活在水中，长大后可以在陆地上生活，所以被称作"两栖动物"。还是蝌蚪的时候，我是用鳃呼吸的，现在长大了，我主要用肺呼吸，同时也可以用皮肤呼吸。

我背上的皮是绿色的，上面还有很多花纹，能使我藏在草丛中不被敌人发现。

捕虫能手

我的舌头非常特别，舌根在嘴巴前部，舌头倒着长回口中，能翻出去捕捉虫子。刚才就有一只虫子从我眼前飞过，我伸出舌头，一眨眼的功夫，那家伙就成了我口中的美餐。

小蝌蚪

长出后腿

我的一辈子

卵

长出前腿

长大的我

脑袋后方圆圆的东西,是我的耳膜,通过它我可以听到声音。

很会唱歌

刚才下了一阵雨,现在我要唱歌了。告诉你吧,我们青蛙很会唱歌,有时候是几十只甚至几百只一起唱。我们并不是各唱各的,而是很有规律,有领唱,有合唱,还有伴唱。

我有 3 个眼睑,其中一个透明的眼睑用来在水中保护眼睛。

生下蝌蚪!

小时候,妈妈经常给我讲故事。我记得妈妈曾经说过,我们青蛙在全世界有 6 000 多种,有一些非常特别。比如在印度尼西亚的苏拉威西岛雨林里,有一种奇特的青蛙,青蛙妈妈可以直接从肚子里产下小蝌蚪!

11

蟾蜍

　　我是蟾蜍，你或许对这个名字比较陌生，如果我说出自己的另一个名字，你就一定认识我了。我的另一个名字叫"癞蛤蟆"，这名字太难听了，我真不知道是谁给我取的！

我不吃天鹅肉

　　由于我长得比较丑，人们经常拿我来比喻一类人，说什么"癞蛤蟆想吃天鹅肉"。其实我不吃天鹅肉，我主要吃甲虫、蛾、蜗牛、蝇蛆、蚂蚁和蚯蚓之类的小动物。

行动迟缓

　　我一般生活在住宅周围的石块下、土洞中。由于身体臃肿，我行动很迟缓，不擅长跳跃和游泳。大多数时候，我在地上匍匐爬行，但在遇到危险时也会小跳几下。

与青蛙的区别

　　卵的区别：青蛙的卵堆成块状，我们的卵排成串状。
　　蝌蚪的区别：青蛙的蝌蚪颜色较浅，尾巴较长，我们的蝌蚪颜色较深，尾巴较短。

我的身体与一个人的拳头差不多，但在南美洲有我们家族中的一员，它的身体有筷子那么长！

在我背上所有的疙瘩中，耳朵背后的两个疙瘩是最大的，被称为"耳后腺"，这里面有很多浆液。

身上有毒

我身上长有很多疙瘩，能分泌一种白色浆液，这种浆液是有毒的，但经过提取加工后是一种药用成分。可以用于治疗很多疾病。

箭毒蛙

　　我叫箭毒蛙，生活在南美洲的热带雨林中。看到我的第一眼，你一定会被我色彩斑斓的外表迷住，但是我要好心提醒你：千万别碰我，因为我身上是有剧毒的。

好妈妈

　　记得很小的时候，我和兄弟姐妹们刚从卵里孵出来，妈妈便耐心地照料着我们。它还把我们一个个背到不同的水洼里隔离生活，免得我们因为饥饿难耐而手足相残。

我的眼睛又大又亮，就像一块宝石一样。

名不虚传！

很久以前，南美洲的印第安人喜欢用我身上的剧毒来涂抹他们的箭头，这样的箭射到猎物身上后，可以使猎物一箭毙命，我因此获得了"箭毒蛙"这个名字。

14

色彩斑斓

　　不像普通的青蛙,我的身体特别小,只有约一个手指腹那么大。但有一点值得骄傲的是,我们箭毒蛙都披着黑、红、黄、橙、绿、蓝等色彩斑斓的外衣。

我的美食
蚂蚁
蟋蟀
蜘蛛
螨

毒性超强

　　我个子虽然小,但没有谁敢欺负我,因为我身上有剧毒。在我们箭毒蛙家族中,毒性最强的要数金色箭毒蛙了,它1毫克的毒液可以杀死大约10 000只老鼠,厉害吧!

我身上布满各种艳丽的花纹,这是对猎食动物的警示。

我的脚上有吸盘,因此很善于攀爬。

蝾螈

你对我或许有点儿陌生，那就让我先做个自我介绍吧。我叫蝾螈，身体有大半支筷子那么长，体形有点儿像蜥蜴，但身上没有鳞。别看我长得怪模怪样，其实我性格非常温和。

秘密武器

虽然我性情温和，但也不是好欺负的。前天，有条蛇试图从后面偷袭我，被我察觉到了，我的尾巴就分泌了一种像黏胶一样的物质，把那家伙黏得今天还在那里动弹不得。

我的美食
蝌蚪
小鱼
蚯蚓
蠕虫
蜗牛

再生能力强

我有一项难得的本领，那就是很强的再生能力。去年，我的一条后腿被石头卡断了，但你看，现在又长出一条新的来了，和原来那条一模一样，没留下一点儿伤疤。

我靠皮肤来吸收水分，因此需要潮湿的环境，当环境温度降到0℃以下时，我就会冬眠。

大家族

我们蝾螈有400多种，是个很大的家族。有些终生生活在水中；有些生活在陆地上，但繁殖时到水中产卵；有些在潮湿的陆地上产卵，但它们的宝宝还是在水中发育长大。

蜕皮现象

蝾螈的身体表面十分光滑，不像蜥蜴那样长有鳞片。它们有蜕皮现象，蜕下的皮，有时自己吞食掉，有时被同伴吃掉。

鳄　　鱼

　　我虽然叫鳄鱼，但并不是一种鱼，而是一种在地球上生活了上亿年的爬行动物。既然如此，为什么人们会叫我鳄鱼呢？这大概是因为我喜欢像鱼一样在水中嬉戏吧。

繁盛的家族

　　目前，我们鳄鱼家族共有23种，身体一般长约3米。我们家族中最大的是湾鳄，这家伙可以长到7米长。中国特有一种鳄鱼叫"扬子鳄"，是国家一级保护动物。

　　我身上披着一层坚实的鳞甲，它可以有效地保护我的身体。

浮动的木块

在水下的时候，我通常会把身子隐藏在水底，只把脑袋露出水面，看上去像一块浮着的木头。看到猎物后，我就悄悄地向猎物"漂"去，然后趁机将猎物一口咬住。

我嘴里长有很多参差不齐的牙齿，它们脱落之后可以再重新长出来。

我为什么流泪？

我吃东西时，经常伴随着眼泪，人们因此说我假慈悲，这是对我的误解！我的眼睛上有一层眼睑，叫瞬膜，它可以产生眼泪来滋润眼睛。另外，我流泪还是排泄身体中多余盐分的一种方法。

吞石头

我有时会吞下一些石头，它们像轮船中的压舱物一样，可以增加我的体重，使我潜水和游泳的时候更方便。另外，我的消化功能不太好，吞石头可以帮助我消化食物。

我的尾巴很长，而且比较扁，很适合游泳。

我的小档案

名字：鳄鱼
分类：爬行纲—鳄目
栖息地：河流、湖泊、沼泽、近海浅滩域
食物：鱼、虾、水禽、鹿等
天敌：虎、蟒蛇、食人鱼等

乌　龟

大家可能对我并不陌生，因为在路边的地摊上，常常有人把我摆出来当宠物卖，不过那都是我们家族中常见的成员，我们家族中还有一些稀罕的成员，你可能从来没有见过呢。

我的龟壳上有一块一块的花纹，看上去像足球的表面。

缩头乌龟

我生活在江河、湖泊、水库、池塘等地。由于生性胆小，我遇到敌人或受到惊吓时，会把脑袋缩到龟壳里躲起来，人们因此给我取了个很形象的名号，叫"缩头乌龟"。

饲养小秘诀

1. 用塑料盆、玻璃缸等给我当家。
2. 水深不要超过我的身长。
3. 放一些石块以便我可以爬上去晒太阳。
4. 每1~2天给我投一次食物。
5. 每1~3天给我换一次水。
6. 我冬眠时不要随便打扰我。

耐饿能力强

　　我主要吃蠕虫、小鱼、虾、螺、嫩叶、瓜皮等食物。虽然我打斗能力很差，但我有一项独特的本领，其他动物肯定不如我，那就是我的耐饿能力特别强，可以几个月不吃东西。

我的四肢比较扁平，趾间具有蹼，在遇到危险时可以缩到龟壳里。

长寿之王

　　我们以长寿而闻名，有"长寿之王"的美称，连人类都自叹不如。我们乌龟很多能活到100岁，有的甚至可以活几百岁，据说这与我们的生理特征和生活习性有关。

我的尾巴细细的、尖尖的，也可以缩到龟壳里。

最大的乌龟

　　我们乌龟家族中有一个成员，叫象龟，主要生活在山地、沼泽和草丛中。这家伙最大可以长到 1.8 米长，是我们家族中当之无愧的"巨无霸"。它的四条腿如象腿一般粗壮，因此获得了"象龟"这个名字。

21

虾

喜欢吃虾的小朋友一定都认识我。我们虾是一个很大的家族,有将近2 000个品种,包括对虾、明虾、青虾、河虾等,它们有些生活在江河里,也有些生活在海洋中。

我的小档案

名字:虾
分类:甲壳纲—十足目
栖息地:江河、湖泊、海洋
食物:微小生物、腐肉等
天敌:鱼、水獭、乌龟等

我的"钳子"非常有力,是捕食的重要武器。

我的全身照

我的身体有一个成年人的手指那么长,前面是头胸部,后面是腹部,头胸部被一层厚厚的甲壳包裹着。

有趣的数字

我的足很多,有5对长在头胸部,用来爬行和捕食,还有5对长在腹部,用来划水。另外,我的腹部一般由7节组成。要是不相信的话,你可以亲自来数一数。

我的头胸部前面有两对细长的触角,它们负责我的嗅觉、触觉和身体平衡。

游泳高手

我不是像鱼一样,靠尾巴来游泳,而是靠腹部的足。它们像船桨一样,在水中整齐地摆动,这样我就缓缓向前游动了。另外,我的腹部迅速向下方卷曲时,可以敏捷地向后游动。

我用什么呼吸?

我们虾像鱼一样,用鳃呼吸。我的鳃呈羽状,一共有25对,位于头胸部,被厚厚的甲壳覆盖着。当血液流经这里时,我们便通过鳃与外界进行气体交换。

23

螃　蟹

　　我是螃蟹，人们经常把我与虾相提并论。的确，我和虾不仅生活环境相似，而且都是人们餐桌上的美食。不过，我与虾长得大不相同，而且拥有很多虾不具备的特点。

有大有小

　　我们螃蟹有的很小，有的很大。最小的豆蟹只有黄豆那么大，而最大的蜘蛛蟹，脚完全张开接近小汽车那么长！

　　我有一对独特的眼睛，眼珠下面由眼柄连着。我的眼睛可以向外面伸出来，也可以藏到坚硬的眼窝里。

如何辨雌雄

　　1.看肚子。如果肚子呈三角形，那说明我是雄螃蟹；如果呈圆形，那说明我是雌螃蟹。
　　2.看足。如果螯足上有绒毛，而步足光洁，那说明我是雌螃蟹；如果步足上有排列如刷的细毛，那说明我是雄螃蟹。

横着行走

横着行走是我们的一大特点，除了叫"和尚蟹"的那个家伙外，我们螃蟹家族大多都是横着行走的。

间断性生长

我的甲壳不会随着身体的生长而扩大，所以我的生长是间断性的。每隔一段时间，我就要蜕去旧壳，以便身体可以继续长大。

我的身材

我的身材很宽大，不像虾那样苗条。我身上有 5 对足，最前面的 1 对叫螯足，俗称"钳子"，用来捕食和防御，后面 4 对叫步足，用来走路。

除了口和螯足尖端外，我的 8 只步足也具有辨味的本领，它们还特别敏感，可以觉察到远处水中的动静。

再生能力

告诉你吧，我们螃蟹的螯足具有再生能力，一条螯足断了后，又可以长出一条新的来。所以，有时人们捉到一只螃蟹后，发现它的两只螯足大小不一就是这个原因。另外，我的步足也具有再生能力。

鸭 子

嘎、嘎、嘎……猜出来我是谁没有？我是一只鸭子，每天在主人的水塘里转来转去。看到麻雀在空中飞，我真是羡慕呀！我的翅膀比它们还大，可为什么就是不擅长飞呢？

捕食去了

我要去水里捕食了。小时候，妈妈耐心地教我捕食水里的鱼、虾和泥鳅，这些食物可好吃了。悄悄地告诉你，我喜欢自己在水里捕食吃，不太喜欢吃主人喂的饲料。

看！我的羽毛

我吃饱了，现在在岸上休息。看！我的羽毛还是干的，一点儿也没湿，你一定觉得很神奇吧？这是因为在闲着时，我常常往身上涂抹尾脂腺分泌的油，这样羽毛就能防水了。

我的脚前方有3个脚趾，脚趾与脚趾之间有宽大的蹼，使我可以快速地划水前进。

我的祖先

    小时候听妈妈说，我们的祖先是一种叫"绿头鸭"的野鸭，它们不仅长有艳丽的羽毛，而且还擅长飞。我们是人类从绿头鸭驯化过来的，驯化完成后就再也不擅长飞了。

我为什么走鸭子步？

    我走路摇摇摆摆，总被人笑话，其实这与我的生活习性有关。为了更适应划水，我的腿比较靠后，这样一来，我在岸上行走时，就不得不高昂着头，以便身体重心后移，这样走路自然就摇摇摆摆了。

我的眼睛长在脑袋两侧，具有360°的视线范围，不用转头就可以看到后面。

我的嘴上方有两个洞，这是我的鼻孔。

我的一辈子

我在蛋里面

毛茸茸的我

羽翼丰满的我

翠　鸟

　　我是一只生活在湖边的翠鸟。虽然我的个子小小的，但你千万别小看我，我的飞行本领可高了。在公园的湖边，你可能还没看清我的样子，我就消失在你的视野之外了。

我的小档案

名字：翠鸟
分类：鸟纲—佛法僧目
栖息地：河边、湖泊、树林
食物：鱼、虾、昆虫等
天敌：隼等

艳丽的羽毛

　　令我感到骄傲的是，我有一身艳丽的羽毛。我肚子上的羽毛是红棕色的，头上、背上和翅膀上的羽毛是翠蓝色的。看！上面还点缀着很多浅蓝色的斑点，是不是特别漂亮？

我的喙嘴又直又长，与我娇小的身体很不相称，它的末端非常尖锐。

独来独往

　　我们翠鸟个头儿虽不大，但都是独行侠，喜欢独来独往。有一些翠鸟常年生活在树林里，主要吃树林里的昆虫；还有一些像我一样，常年生活在水边，主要吃鱼、虾等。

28

闪电般的速度

　　说来恐怕你不信,我捕猎时,速度跟奔驰的汽车一样。一旦发现猎物出现,我就闪电般地飞过去,然后……哎呀,不跟你说了,我已经看到了一条大鱼,这可不能错过了!

不像很多其他的鸟,我的尾巴很短,但我飞起来仍然十分灵活。

视力极佳

　　我们翠鸟的眼睛里有一种柔软的透明体,通过肌肉的收缩,这个透明体可以弯曲,从而调整在水中因光线折射造成的视角反差。因此,即使我潜在水底下的时候,也能保持极佳的视力,这也是我捕鱼往往百发百中的原因之一。

我的脚是赤红色的,而且比较短,但能牢牢地抓住树枝。

鸳鸯

你一定听说过我的名字，我的名字虽然不好写，但念起来还是朗朗上口的。我们鸳鸯雌雄差异很大，我是一只雄鸳鸯，有着一身漂亮的外衣，你一下子就能认出我来。

快乐的生活

我在树林边的一个湖泊里长大。每天一大早，我就到树林或水中找虫子、鱼、虾等食物吃，吃饱后便在空地上休息。有时候，我和伙伴们在水里翻腾和嬉戏，快活极了。

寻找伴侣

我现在已经成年了，得去寻找一个伴侣。雌鸳鸯没有我这么艳丽的羽毛，但我对此一点儿也不在意。我将和我的伴侣出双入对，生儿育女，度过生命中一段美好的时光。

这是我的伴侣，不知你注意到没有，它眼睛周围有一圈白色羽毛，而且向后延伸形成一条线。

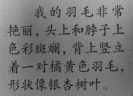

我的羽毛非常
艳丽，头上和脖子上
色彩斑斓，背上竖立
着一对橘黄色羽毛，
形状像银杏树叶。

生性机警

我们鸳鸯
都很机警。
记得小时
候，爸爸妈妈带我们出去捕
食回来后，会先在家附近的
上空盘旋一阵，仔细侦察，
确认没有危险后，才招呼
同伴们一起降落到地上。

我身上的颜色

1. 红色
2. 白色
3. 黄色
4. 绿色
5. 蓝色
6. 紫色

描写我的诗句

描写我的诗句
七十紫鸳鸯，双双戏庭幽。（李白）
合昏尚知时，鸳鸯不独宿。（杜甫）
梧桐相待老，鸳鸯会双死。（孟郊）
尽日无人看微雨，鸳鸯相对浴红衣。（杜牧）

31

鸬鹚

　　我叫鸬鹚，你对我这个名字可能不熟悉，不过如果我说出自己的俗名，你可能就认识我了。我的俗名叫"鱼鹰"，你可以理解为"捕鱼的鹰"，因为我的捕鱼本领真的很强。

我们的家族

　　我是鸬鹚家族中的普通鸬鹚，身体长约 80 厘米，全身披着黑色的羽毛，你看，上面还闪耀着绿色光泽。我们家族中有些伙伴的个头儿比我还大，比如弱翅鸬鹚可以长到 1 米长！

我的捕鱼过程
1. 潜入水下。
2. 偷偷靠近猎物。
3. 突然伸长脖子。
4. 牢牢咬住猎物。
5. 浮出水面吞食猎物。

我的翅膀很大，在飞行时煽动缓慢，在潜水时可以帮助划水。

我的脚上有 4 个脚趾，脚趾之间有蹼，很适合用来划水。

职业生涯

　　我曾经为渔民服务，是一个"职业捕鱼手"。在捕鱼时，主人会把我的喉部套住，以防我把捕到的鱼"私吞"。现在，我不再以捕鱼为业了，而是在野外过着逍遥自在的生活。

我的嘴巴又硬又长，末端还有一个钩，它是我用来捕鱼的利器。

我会合作

　　在捕鱼的时候，如果遇到大鱼，我会和"同事"合作，将鱼"抬"到主人的船上。只可惜，无论捕到多大的鱼，我们都无法自己享受，而是必须强行吐出来交给主人。不过，主人也经常喂小鱼给我们吃。

我在晒太阳

　　刚才，我在一个湖里捕到一条大鱼，饱餐了一顿。现在，我正在悠闲地晒太阳呢！因为我的羽毛上没有防水油，所以每次下水捕鱼后，必须花很长时间来把羽毛晒干。

33

天　鹅

你一定读过丑小鸭的故事吧，它刚出生时被周围的伙伴瞧不起，但后来变成了一只美丽的天鹅。我也是一只天鹅，不过是跟着妈妈一起长大的，比丑小鸭要幸运多了。

天鹅都是白的吗？

大多数天鹅都像我一样，全身白白的，但有一些天鹅并非全白，比如黑颈天鹅，它们身体是白色的，但脖子是黑色的。而黑天鹅呢，它们全身几乎都是黑色的。

终生相伴

我现在成年了，找到了自己的伴侣，我将和它终生相伴，如果对方死了，我会独自活到老的。现在是二月，再过一两个月，我和伴侣就会飞到北方去，在那里生儿育女。

我的羽毛白白的，闲着的时候，我会和伴侣相互梳理羽毛。

我的小档案

名字：天鹅

分类：鸟纲—雁形目

栖息地：河流、湖泊、沼泽

食物：水生植物、螺类

天敌：狼、狐狸、渡鸦等

南迁过冬

　　转眼之间就到了十月，冬天就要来了，北方的冬天非常冷，所以我和伴侣要迁到南方去过冬。现在，我们已经有了自己的孩子，在南迁途中，我们将教会它们很多本领。

我的身体比较重，起飞时要冲刺一段距离，不过我一旦飞起来，高度可以与飞机相比呢！

我的脖子细细的，长长的，非常柔软，几乎可以随意弯曲。

勇敢的爸爸

　　现在是五月，我们来到了北方的一个湖泊。这里风景优美，我的伴侣正在阳光下孵蛋，我在一旁保护着它。就在前几天，一只小狐狸想偷我们的蛋，被我打得落荒而逃。

白 鹤

提到鹤，你一定首先想到丹顶鹤。我们白鹤也是鹤家族中的一员，名气虽然比不上丹顶鹤，但由于数量稀少，被列为国家一级保护动物。

我的美食

小鱼
蚌和螺
蛙
苦草
眼子菜
蔓越橘

在鄱阳湖过冬

现在是十一月，我们一大群白鹤正在鄱阳湖过冬。鄱阳湖是南方的一个湖泊，在冬天气候比北方温暖，我们会在这里一直待到明年三月，然后才成群结队地返回北方。

36

换一身衣裳

昨天我的孩子问我，为什么妈妈全身是白的，而它身上的羽毛却不是白色的。我告诉它，我们白鹤都是这样，小时候身上的羽毛是褐色的，长大后就慢慢变成全白的了。

我的脑袋前面没有羽毛，皮肤是完全裸露的，呈砖红色，凭借这一特征，你就可以认出我来。

我的孩子

在过冬期间，我们主要以家庭为单位。我有一个孩子，它现在还比较小，无法自己捕食吃，所以我得经常喂它。等到明年离开鄱阳湖时，它就可以自己捕食吃了。

我翅膀上有一些黑色羽毛，平时被尾端的长羽毛覆盖着，所以不太容易被看见，只有在飞行时才能显露出来。

37

火烈鸟

　　看到我的第一眼，你一定在心里默默地想：这家伙到底怎么了？怎么身体这么红？是不是生什么病了？多谢你的关心！我一点儿也没事，我们火烈鸟就是这样子。

我的嘴巴长得很有趣，大大的，弯弯的，嘴的下半部分很大，像一个槽一样。

我的脖子细细的，长长的，一般像S形一样弯曲。

猜猜我多大

　　我是鸟类大家族中的一员。看看我的身子，猜猜我有多大？像白鹭那么大？像鸭子那么大？像天鹅那么大？……都不是，我比它们都要大，我的身体有1米多高呢。

38

并非生来是红色

　　刚生下来时，我身上的羽毛并不是红色的，而是灰色的。1 岁时，我的身体就已经像现在这么大了，但羽毛仍然是灰色的。直到我 3 岁时，羽毛才变成红彤彤的。

颜色哪里来？

　　我身上的颜色不是与生俱来的，而是长大后才出现的，你知道它是怎么形成的吗？告诉你吧，它主要是由我吃的虾、蟹、藻类等食物中含的"虾青素"造成的。

　　我的腿是红色的，又细又长，尽管如此，我只用一只腿就可把身子撑起来。

我的美食
虾
蟹
蛤蜊
昆虫
藻类

捕食有技巧

　　现在我要捕食去了。我的嘴里长有稀疏的锯齿和细毛，捕食的时候，我把大嘴巴伸入水里，将水和食物一起吸进来，然后再将水过滤出去，最后将嘴里的食物慢慢吞下。

帝企鹅

　　我是企鹅家族中的一员，名叫帝企鹅。我绝不是徒有虚名，因为从身体大小来说，我的确是企鹅家族中的"帝王"。尽管如此，我与其他企鹅相处得很和睦，不会欺负它们。

孵蛋的爸爸

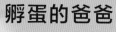

　　告诉你一个小秘密，我是由爸爸孵化出来的，我们帝企鹅都是这样。妈妈产下蛋后，爸爸便承担起了孵蛋的任务，经过两个多月的孵化，我就来到了这个美丽的世界上。

游泳速度快

　　我身体胖嘟嘟的，并且长有两只小翅膀，但是并不会飞。不过我可是个游泳高手，我游泳的速度非常快，即使是那些在海上航行的大轮船，也无法和我相比呢。

我们企鹅演的电影
《帝企鹅日记》
《马达加斯加的企鹅》
《企鹅王历险》
《快乐的大脚》
《波普先生的企鹅》

我的小档案

名字：帝企鹅
分类：鸟纲一企鹅目
栖息地：南极
食物：磷虾、乌贼、小鱼
天敌：豹形海豹、贼鸥

我脖子下面的羽毛略带橘黄色，往下渐渐变淡，凭借这个特征，你就可以在多种企鹅中认出我来。

我的"羽绒服"

我生活在南极的冰天雪地里，但一点儿也不怕冷，因为我身上有一层极密的羽毛，就像穿了一件羽绒服。这件"衣服"前面是白色的，后面是黑色的，把我的身体裹得严严实实。

我的肚子下方有个"育儿袋"，即使外界温度低至零下40℃，那里的温度也可保持在36℃。

41

听水边动物
讲故事

动物王国大探秘

听海洋动物讲故事

李 航 主编

中国大地出版社
·北京·

图书在版编目（CIP）数据

听海洋动物讲故事 / 李航主编. -- 北京：中国大地出
版社，2020.5
（动物王国大探秘）
ISBN 978-7-5200-0516-6

Ⅰ．①听… Ⅱ．①李… Ⅲ．①水生动物—海洋生物
—儿童读物 Ⅳ．①Q958.885.3-49

中国版本图书馆 CIP 数据核字（2019）第 278088 号

DONGWU WANGGUO DA TANMI
TING HAIYANG DONGWU JIANG GUSHI

责任编辑：张璺嫘
责任校对：李　玫
出版发行：中国大地出版社
社址邮编：北京市海淀区学院路 31 号，100083
咨询电话：（010）66554512
印　　刷：湖北鄂南新华印刷包装股份有限公司
开　　本：787mm × 1092mm　1/16
印　　张：24
字　　数：260 千字
版　　次：2020 年 5 月北京第 1 版
印　　次：2020 年 5 月武汉第 1 次印刷
书　　号：ISBN 978-7-5200-0516-6
定　　价：128.00 元（全 8 册）

前言

　　地球上各种各样的动物是孩子们十分感兴趣的。这些动物的样子千差万别，生活方式也不相同。鱼儿在水里游来游去，鸟儿在天空自由飞翔，凶猛的狮子、可爱的企鹅、勤劳的小蜜蜂……它们各有各的特点。它们平时的生活到底是什么样的？如果它们会说话，又会对我们说些什么？

　　在这套书里，我们就带领小朋友们一起走进不同动物的世界，以"听听动物怎么说"的形式，借动物自己的口，向小朋友们讲述不同动物生活中发生的种种趣事。快看吧！史前的恐龙、小小的昆虫、天上的鸟儿、水中的鱼儿……这些海洋动物、陆地动物、水边动物、珍稀动物已经齐齐上阵，准备好了要告诉你它们的秘密。还在等什么呢？快坐好，仔细聆听吧！

目录

鲸

　　我们是鲸，别看我们长得像鱼，但是我们并不是鱼，而是哺乳动物。你瞧，我们之中有的块头特别大，是世界上最大的动物。在世界各大洋中，都能看到我们庞大的身躯。

看，大喷泉！

　　我们是哺乳动物，用肺呼吸，游泳时可以潜入水里，但每隔一段时间就要浮出水面呼吸，否则就会被淹死。我们之中有的种类在呼吸时，头上的喷气孔都会喷出很多气，从海面看上去就像一个大喷泉。

1

庞大的家族

　　在全世界，我们的家族成员有很多。这么多，怎么区分呢？人们把我们分成了两大类：须鲸和齿鲸。须鲸种类较少，都生活在海里；而齿鲸有很多种，大部分生活在海里，只有少数生活在淡水中。

瞧，我们长这样！

　　我们是须鲸，嘴里长着须，但没有牙齿，头顶还长着两个喷气孔，喜欢吃浮游生物和小鱼虾。我们性情温和，但体形巨大，最小的种类也要3米多长呢！蓝鲸、灰鲸、座头鲸等是我们的家族成员。

如何求偶

　　我们是海洋中有名的"歌唱家"，歌声嘹亮而广阔，数百千米以外都能被听见。在交配季节，我们能用歌声吸引数百千米外的雌性到食物丰富的繁殖地。比如，座头鲸会用一连串声音组成特殊的"歌曲"，吸引远方的异性。

厉害无比

我们是齿鲸，嘴里没有须，但长着牙齿，多数有一个喷气孔，喜欢吃鱼、乌贼、鱿鱼和甲壳类动物。我们之中有些性情凶猛，家族成员体形差异很大，抹香鲸、虎鲸、白鲸等都是我们的成员。

和鱼类的不同

我们鲸和鱼类有很多不同的特性，比如鱼是用鳃呼吸的，而我们是用肺呼吸的；鱼是卵生的，而我们是胎生的。

巨大的鲸宝宝

我们鲸的妊娠期一般为10~12个月，一只母鲸一次通常只生一只宝宝，很少有双胞胎出现。刚出生的鲸宝宝体长 5~6 米，体重超过 1 000 千克，可以说刚出生的鲸宝宝是世界上最大的"婴儿"。

3

白　鲸

你认识我吗？我叫白鲸，是齿鲸的一种。我浑身雪白，长得憨态可掬，一对小眼睛透着一股机灵，人们都说我非常聪明，又调皮可爱，你喜欢我吗？愿意和我做朋友吗？

我为什么要发出各种叫声呢？人们说这只是我在自娱自乐，也许是我和同伴正在"说话"呢！聪明的你，能猜出答案吗？

爱干净又臭美

经过长途迁徙，我们身上会附着许多寄生虫，所以一到河口，大家就会潜入水底，在河底打滚、翻身，一些调皮的家伙还会在砾石上摩擦身体！经过几天这样的"洗漱打扮"，我们身上的老皮肤就会全部蜕掉，而换上整洁漂亮的白色皮肤。看，我漂亮吗？

"口技"专家

我是鲸类家族中最优秀的"口技"专家，我能发出几百种声音，如婴儿的哭泣声、病人的呻吟声、牛的哞哞声、猪的呼噜声、马的嘶叫声和鸟儿的吱吱声等。你觉得奇妙吗？

快乐的旅程

我们生活在北冰洋及其附近海域，喜欢几头或成百上千头聚在一起。每年夏季，我们之中有些族群会从北极地区出发，然后浩浩荡荡地向加拿大某些河口迁徙。一路上，我们嬉戏、玩闹，好不热闹！

皮肤变化

我身体的大部分皮肤都很粗糙，小时候我的皮肤是淡灰色，长大后就会变成纯白色，只有背脊、胸鳍边缘和尾鳍始终都是暗色。夏天，我的皮肤会带点淡黄色，蜕皮以后就消失了。

我们睡觉的时候，大脑只有一半是在休息，另一半会继续工作。

我没有背鳍，只有一个低低的背脊，可以很方便地在水下游泳。

我的另一面	
栖息地	北半球高纬度地区及极地浅海
食物	鱼、虾、蟹、章鱼、鱿鱼
本领	发出各种声音、喷水、潜水
睡姿	头朝里，尾巴向外，围成一圈
繁殖日期	每年2~4月

互助互爱

我出生的时候，很多白鲸同伴都在旁边保护妈妈和我，等我出生以后，同伴们就会离开，只留下妈妈一个人来哺育我。妈妈很爱我，我会一直吃妈妈的奶长到两岁。

蓝　鲸

我叫蓝鲸,是须鲸的一种。我的个头儿特别大,是地球上最大最重的动物。举个例子吧,如果我伸出舌头,上面能站50多个人呢!你想找到我吗?在世界各大洋中都有我的身影。

我身体庞大,我的心脏和一辆小轿车大小差不多,婴儿可以在我的血管里爬。如果在海里游起来,一定是海浪滚滚,气势浩大。

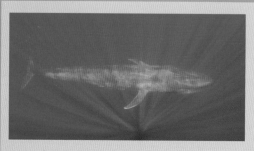

长途迁徙

很多鲸类每年都要迁徙,我也不例外。我迁徙的路程很远,夏天,我们在冰天雪地的极地水域,冬天来临后,我们就会迁徙到温暖的赤道水域。

大饭量

我身子瘦长，背部是青灰色，别看我身躯庞大，但我却喜欢吃小鱼、小虾。你可别笑我哦，因为我身体太大了，有4个胃呢，所以我饭量特别大，一次要吃很多才能填饱肚子。

我很贪吃，磷虾是我最喜欢的食物。我一次可以吞食200万只磷虾。如果肚子里的食物少于2 000千克，我就会觉得饿。

几个月不吃

我迁徙的时间很长，有时候需要约4个月的时间呢，让人们不能相信的是，这么长时间，我们几乎什么都不吃，因为我们身上有经过长期进化而来的、可以支撑几个月的脂肪。

我的小档案

分类：哺乳纲—鲸目—须鲸亚目

栖息地：冷暖海水交汇处

食物：磷虾、鱼类

天敌：虎鲸

我背部有一个三角形背鳍，它既是我进攻的武器，也是我前进的舵。

虎　鲸

我叫虎鲸，是齿鲸的一种。人们说我是"海上霸王"一点儿也没错！我长着锋利的牙齿，拥有很高的智商、高超的捕食本领，我身手敏捷，凶猛异常，连大白鲨也怕我三分呢！

"克星"

我是海洋动物的"克星"，海洋里小到鱼、虾，大到海象、鲨鱼都可能成为我的美食，就连座头鲸等庞然大物，只要看见我过来，都会远远地躲开。

相亲相爱

我们喜欢群居，同伴之间会用胸鳍相互触摸，表示亲近。如果有谁受伤，其他同伴就会用身体或头部连顶带托，使它能够漂浮在海面上。一旦有了猎物，我们就会一起出击。

我们会利用从隆起的额发出的超声波来交流，并策划捕食战术。不要惊奇哦，我们就是这么聪明！

我的小档案

栖息地：极地和温带海域

体色：黑、白两色

本领：发出超声波、装死、游泳高手

天敌：无

我的特殊本领

游泳极快，时速 55 千米
侦察地形，故意搁浅，趁机捕食
装死，引诱小鱼
发出超声波，寻找鱼群
会发 60 多种声音，与同伴交流

捕食企鹅

我会和另一个同伴一起捕食企鹅。我先故意露出大背鳍来吸引企鹅群，另一个就会悄悄靠近捕杀企鹅，当企鹅打算逃脱时，我就会猛冲上去，和同伴合力拼杀，企鹅就会乖乖束手就擒。

虎鲸生性凶猛，且非常善于进攻，是企鹅、海豹等动物的天敌。图为被虎鲸追赶仓皇而逃的企鹅。

座头鲸

我叫座头鲸，看上去好像有点儿驼背，所以人们又叫我驼背鲸。我是须鲸的一种，性情很温顺。瞧，我黑白分明，看上去像穿着一件黑色燕尾服，里面套着白衬衫，你记住我了吗？

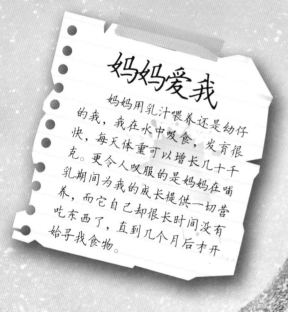

妈妈爱我

妈妈用乳汁喂养还是幼仔的我，我在水中咬食，发育很快，每天体重可以增长几十千克。更令人叹服的是妈妈在哺乳期间为我的成长提供一切营养，而它自己却很长时间没有吃东西了，直到几个月后才开始寻找食物。

我是歌唱家

我是海上名副其实的歌唱家，因此受到海洋生物学家的钟爱。我们有些同伴一年365天就有180天在唱歌。你知道吗？我们并不是随意唱，而是按照一定的节拍来歌唱。

旅行者

　　我们家族成员全世界约有84 000头,到了夏季,我们就会从南方温暖的热带海域长途跋涉,去北方阿拉斯加沿岸附近的凉爽海域避暑。当冬季来临,我们就会返回。

我游泳的速度很慢,在海面缓缓游动时,就像一座冰山一样,身体的大部分沉在水下,有时又像是一个自由漂浮的小岛,人们在海岸上也能看到我露出海面的身体。

我的嬉水绝技

　　1. 嬉水或游泳时,会先在水下快速潜游。
　　2. 缓缓地垂直上升,破水而出。
　　3. 身体向后,徐徐弯曲,完成整个翻滚动作。

与敌人搏斗

　　别看我很温驯,一旦遇到敌人,我也会很勇猛地与敌人搏斗。我会用一对特别大的鳍状肢,或者强有力的尾巴猛击敌人,甚至用头部去顶撞,往往将自己弄得浑身是伤,鲜血直流。

抹香鲸

我叫抹香鲸，是最大的齿鲸，你瞧，我身体粗短，脑袋特别大，几乎占了身体长度的一小半，看上去简直像一只大蝌蚪。我性情凶猛，大嘴巴里长着长长的牙齿，你害怕我吗？

你听过龙涎香吗？

我体内分泌一种蜡状物，叫龙涎香，被它裹过的东西，芳香持久不散，所以我叫"抹香鲸"。贪婪的人类为了得到它，想方设法捕杀我们。

▲ 正在捕食大王乌贼的抹香鲸

我头重尾轻，行动缓慢笨拙，喜欢和其他同伴聚集在一起生活。我们之间常常通过口哨声和"咔哒"声进行交流。

我是潜水冠军

我是动物王国里当之无愧的"潜水冠军"。因为在所有鲸类中，我是潜得最深，也是潜得最久的一个。为了追捕猎物，我可以潜到2 000多米的深海，潜水时间长达1个多小时呢！

奇特的喷气孔

我有两个喷气孔，但是只有左边的喷气孔是畅通的，用来呼吸；而右边的喷气孔天生就堵塞，与肺相通，用来存储空气。为了方便呼吸，我在浮出水面呼吸时，就会将身体朝右斜侧。

我潜水本领高超，将我比喻成潜水艇非常恰当。

我出生啦

妈妈怀孕以后，我在妈妈的肚子里要待上一年多才能出来。我刚一出生，就有小汽车那么长呢！我要吃妈妈的奶直到两岁，等我长到9岁以后，就可以成家生宝宝了。

13

海　豚

　　我是既聪明又可爱的海豚，你一定听说过我吧？在鲸豚家族中，虽然我个头儿比较小，但是我却很勇敢，除了害怕那些比较凶猛的鲨鱼外，其他海洋动物我都不怕！

我为什么救人？

　　人们认为我救人是出于本能。因为我是哺乳动物，需要到海面上呼吸，否则会被水淹死。当小宝宝出生后，做母亲的就会经常把宝宝托出水面透气，后来逐渐变成一种天性，凡在水中不积极运动的物体都会引起我们的注意，并主动前去救助。

　　我生活在温暖的海域，常常成群结队地在大海中游弋。

海中救生员

　　我是海洋里的"救生员"，如果在海上遇到落水的人，我会毫不犹豫地把他驮到安全地带。有时，我甚至会为了将人类从鲨鱼口中夺回来，和鲨鱼展开殊死搏斗。

捕食

　　像齿鲸一样，我们也是依赖回声定位进行捕食、逃避敌人以及与同伴进行沟通。我们最喜欢吃鱼类和乌贼，为了获得食物，我们常常一大群聚集在一起，联合起来捕食。

我的寿命

　　我的自然寿命约45年，但被人类捕获后，我的大多数同伴都会在两年内死去。因为在人工环境里，我们很容易患上肺炎、肠炎等疾病，加上长期抑郁、惊慌，最多也活不过7年。

我是游泳能手，我可以一边游泳，一边玩耍。如果有同伴受伤或生病，大家都会想办法救助。

从怀孕到出生		
怀孕时间	初生体重	初生体长
11 个月	约 10 千克	约 90 厘米
哺乳方式	一年后体重	独立生活（安全防范）
两侧乳头交替哺乳	相当于一个成年人的体重	3 岁左右（其他海豚一起共同保护）

海　豹

我叫海豹，身体浑圆，浑身披着短短的毛，也许是我长得有点儿怪，人们叫我海中怪兽。想见到我吗？我们大多生活在寒冷的两极海域。在温热带海洋里，也能看到我的身影。

我的家族成员

我们在全世界共有 11 种家族成员，虽然南极的种类比北极少，但是数量却比北极多很多。不同的种类长相也有很大差异，斑海豹、竖琴海豹、冠海豹等是我们家族最常见的。

家族明星		
象海豹	最大体长可达 6.5 米 最大的海豹 又懒又脏，丑陋 智商高，会模仿	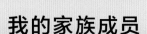
僧海豹	体长约 2.6 米 生活在夏威夷群岛附近 对人类友好	
斑海豹	体长约 1.5 米 生活在北半球海域 捕食鱼类和头足类等	

16

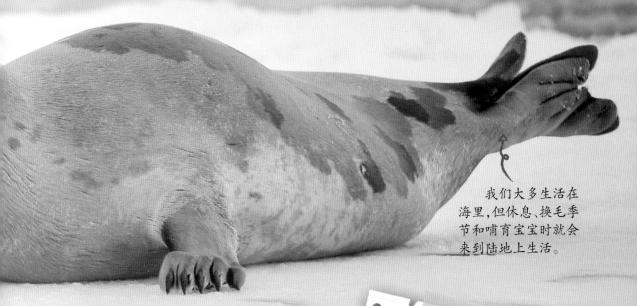

我们大多生活在海里，但休息、换毛季节和哺育宝宝时就会来到陆地上生活。

游泳健将

我们都是游泳健将，虽然我们的两只后脚不能向前弯曲，在陆地上只能靠前肢匍匐前进，但是一旦进入海中，我们就会变得异常灵活，游泳速度比一辆快速行驶的自行车还要快呢！

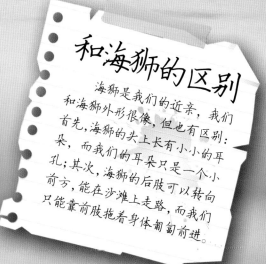

和海狮的区别

海狮是我们的近亲，我们和海狮外形很像，但也有区别：首先，海狮的头上长有小小的耳朵，而我们的耳朵只是一个小孔；其次，海狮的后肢可以转向前方，能在沙滩上走路，而我们只能靠前肢拖着身体匍匐前进。

我出生在冰上

妈妈每次只生一个宝宝。到了生育季节，妈妈会将我产在冰上，并在冰上哺育我。我吃妈妈的奶长大，到四五周后就断奶了。当冰融化后，我开始独立生活。

17

海　狮

　　我叫海狮，我的吼声很像狮子，而且有些种类脖子上还长着鬃毛，所以人们便叫我"海狮"。我长着小耳朵，短尾巴，全身披着浓密的短毛，看上去笨笨的憨憨的，你喜欢我吗？

我的小档案

分类：哺乳纲－鳍足目－
　　　　海狮科
栖息地：寒温带海域
食物：鱼类、水母、章鱼
天敌：虎鲸、鲨鱼

温顺胆小

　　别看我身体庞大，其实我胆子非常小，即使在睡觉时也有"哨兵"警戒，一有风吹草动，我们就会集体潜入水中，逃之夭夭。但是在繁殖期，我们比较活跃，最好不要招惹我们哦！

为了帮助消化,我们还要吞食一些小石子。每次饱餐之后,我们就会来到岸上嬉闹,玩耍。

我喜欢群居

我喜欢群居,常常数十头,甚至上千头聚集在岸边。我白天在海中捕食,晚上则回到岸上睡觉。鱼类、章鱼和乌贼是我喜欢的食物,我也爱吃磷虾,有时也会吃企鹅。

"特约科学员"

人类科学家利用我们喜欢磷虾的特性,让我们做起了"特约科学员"。科学家在我们身上安装了电子记录仪,检测我们的游泳速度和活动范围,以此来推断磷虾群的远近、大小和动态变化。

大饭量

我的食量很大,所以我大部分时间都会待在海里捕食。吃东西时,我喜欢不加咀嚼地整个吞下去。除了繁殖期外,我们没有固定的栖息地,哪里有食物我们就在哪里聚集。

海 象

　　我叫海象，我最大的特点是和陆地上的大象一样，也长着一对长牙，所以人们说我们是海里的大象。但是我们的四肢已经退化成鳍状，在冰上时只能依靠后鳍脚和牙齿匍匐前进。

我的小档案

分类：哺乳纲—鳍足目—海象科

栖息地：北冰洋，在太平洋和大西洋有些许分布

食物：乌贼、虾、蟹

可爱的"小老头儿"

　　在海洋里，除了鲸，哺乳动物就数我的个头儿最大了。我眼睛很小，皮肤粗糙，四肢粗短，嘴巴旁长着密密匝匝的小胡须，看起来的确是丑了点，像个小老头儿，但是我眼睛眯起来很可爱哦！

潜水能手

　　我是出色的潜水能手，能在水中潜游20多分钟，潜水深度可达500多米。我们有些同伴非常厉害，可以潜入1500米的深水层，比一般的军用潜艇厉害多了。

虽然我的视力很差，但嗅觉和听觉十分灵敏。

为什么要"打架"？

雄海象在繁殖季节为什么常常是伤痕累累呢？这是因为在繁殖季节，我们雄海象之间会在海滩上建立自己的领地，谁强壮谁就会占领到最好的位置。经常为了争夺领地，我们之间会大打出手，用獠牙和脖子相互攻击，一直到分出胜负。

精诚团结

我们喜欢群居，总是一大群出现在海岸附近的浅海处。我们非常团结友爱，如果有同伴受伤，我们就会将自己的安危抛在脑后，全力以赴去帮助受伤的同伴。

21

海獭

我叫海獭，是海洋哺乳动物中个头儿最小的种类。你瞧，我是不是长得像一只大老鼠？这就对啦，因为我跟陆地上的黄鼠狼是亲戚，只是个头儿比黄鼠狼大很多。你喜欢我吗？

我喜欢群居

白天，我们常常几十个甚至几百个在海里嬉闹、觅食，到了晚上，我们有时睡在岩石上，但更多的时间是躺在漂浮于海面的海藻上。遇到海面刮大风暴时，我们就成群地跑到岸边躲起来。

梳理皮毛

我每天把大量时间都花在了梳理皮毛上。皮毛对我非常重要，如果它总是乱蓬蓬的，或者沾上了脏东西，海水就会直接浸透我的皮肤，使我的身体热量散失，这样我就会被冻死。

嫁夫生子

　　到了生育年龄，我会给自己物色一个"如意郎君"，然后我们双双离开同伴，到一个安静洞穴"成亲"。几天后，我会离开"郎君"。怀孕 10 个月后，我的宝宝就会来到这个世界。

潜水员

　　我比较擅长潜水，经常会潜入 10 几米深的水中活动。不过，有时为了寻找食物，我也会潜到 50 多米深的海底。我从不远离海岸，喜欢在水面上仰浮，几乎不到陆地上活动。

我无论睡觉、休息还是吃东西，都喜欢仰浮在水面上。

我的小档案

分类：哺乳纲—食肉目—鼬科

栖息地：北太平洋的寒冷海域

食物：贝类、海胆和蟹

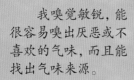

我嗅觉敏锐，能很容易嗅出厌恶或不喜欢的气味，而且能找出气味来源。

鲨　鱼

我是海洋中最凶猛的鱼，你能猜出来我是谁吗？我是海洋中的杀手——鲨鱼。

我的游泳速度非常快，捕获猎物又猛又准，很多海洋动物一见到我，就吓得躲开了！

庞大家族

我们家族成员很多，有300多种，常提到的有大白鲨、鲸鲨、锤头鲨等。我们肌肉发达，不同种类体形大小差距很大，小的只有一本书大小，大的比一辆大公交车还要长呢！

你知道我们吃什么吗？

我们大多数家族成员都喜欢吃鱼，有些鲨鱼也吃受伤的海洋哺乳动物、海龟和腐肉，有些成员还会吃船上抛下的垃圾和其他废弃物。而我们有些成员可以几个月不进食，比如大白鲨要隔一两个月才吃一次食物。

我游泳主要是靠身体，像蛇一样地运动并靠尾鳍像橹一样地摆动向前推进。

捕食利器

　　牙齿是我的捕食利器，正是因为有了一口利齿，我才得以在海洋中立于不败之地。它是锯齿状的，不但能紧紧咬住猎物，还能轻易将猎物锯碎！它可不止一排，而是有五六排呢！

更换牙齿

　　我一生更换上万颗牙齿。我们家族很多成员，包括大白鲨，口中都有成排的利齿。只要前排的牙齿因进食脱落，后面的牙齿就会替补上去，而且新的牙齿比旧的牙齿更大更耐用。

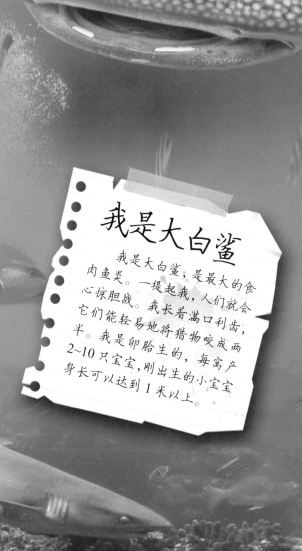

我是大白鲨

　　我是大白鲨，是最大的食肉鱼类。一提起我，人们就会心惊胆战。我长着满口利齿，它们能轻易地将猎物咬成两半。我是卵胎生的，每窝产2~10只宝宝，刚出生的小宝宝身长可以达到1米以上。

海　绵

　　我叫海绵，你瞧，我长得很简单，我没有嘴巴，没有消化器官，是一种特别原始的海洋生物。在很久以前，我们就出现在海洋里，如今成为了海洋生物中一个庞大的家族。

我的小档案

分类：多孔动物门
栖息地：有海流流动的海底
食物：藻类、动植物碎屑等
外形：片状、管状、扇状等

我不是植物

　　在几百年前，人类以为我们是一种植物。因为我们不能行走，也几乎不移动，像植物一样生长在一个固定的地方。后来，有个生物学家发现我们有动物的特性，才把我们归入动物。

　　我住在海洋深处，虽然我是动物，但是并不能行走，只能附着在礁石上。

我有许多"嘴巴"

你知道吗？我身上长着许多小孔，那些都是我的"嘴巴"，当海水从小孔旁流过时，小孔内的许多摆动的鞭毛就会吸入海水，然后进行过滤，最后滤出营养物质，供我吸收。

我的再生能力

我有很强的再生能力。有趣的是，即使把我磨成细小的粉末，然后将粉末抛入大海，我也不会死亡。如果这些粉末被冲入海底，就会长出一个新的我来。

我的寿命比较长，有的种类据说可以活几百年。

天敌很少

我的天敌很少。这是因为对于那些贪食的海洋动物来说，我浑身都是骨针和纤维，让它们难以下咽，我对它们毫无咬引力。而且我居住的环境有海流流动，其他动物的幼虫容易被水流冲走。另外，我身上有一股难闻的恶臭。

27

海　胆

我是海洋里的"刺客"，我叫海胆，与海星、海参是近亲。你看，我长得圆圆的，浑身长满了长长的刺，看上去威风凛凛，其实我是胆小鬼，一有动静就吓跑了。

你听过刺冠海胆吗？

我叫刺冠海胆，是海胆家族中的一员。人们之所以叫我魔鬼海胆，是因为我的长相有点儿恐怖。我的棘刺有毒，而且细长、锐利，肛门看上去像一只神秘的眼睛，而且我们一出现就是一群，声势吓人。

我的武器

棘刺是我防御敌人的武器。瞧，它有长有短，不但能帮我移动身体，还可以帮我清洁外壳、挖掘泥沙呢！

除棘刺外，我身上还长着很多有毒叉棘，可以麻醉或毒杀敌人。

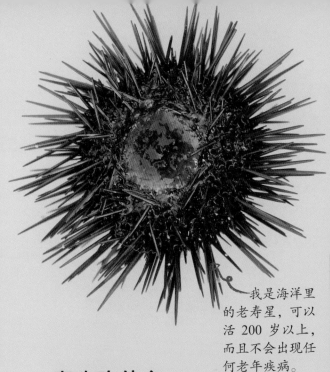

可以再生

　　你可不要被我的棘刺吓着了，虽然它长得尖尖的很吓人，其实很容易断掉，因为里面是空心的。但是它有一个优点，即使断掉了，还会长出新的来。

我是海洋里的老寿星，可以活200岁以上，而且不会出现任何老年疾病。

喜欢吃什么

　　我们喜欢群居，常常白天睡觉，晚上出来寻找食物。你知道吗？我们家族成员有两类，肉食性成员喜欢海底的蠕虫、软体动物或其他棘皮动物，而植食性成员则喜欢吃藻类。

我的另一面	
种类	900多种
生活环境	海底岩石缝或硬质浅海地带
移动方式	依靠管足和棘刺
繁殖季节	6~7月中旬
寿命	200岁以上

我们喜欢聚在一起，一旦有成员要"生宝宝"，周围的同伴也会跟着一起生，非常有趣。

29

海　星

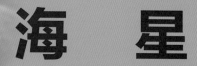

　　我是海中的"小星星"，我叫海星，是一种非常漂亮的海洋动物。我们家族的大多数成员只有手掌大小，颜色各异，没有头没有尾，还可以随环境变化而改变身体的颜色。

像小星星

　　我身体扁平，常常喜欢把身体贴在岩石上，展开多个腕足，看上去就像天空中闪烁的小星星，一点儿也不像动物。大多数成员有5只腕，每只腕上都有"眼点"，能分辨出明暗。

我的小档案

分类：海星纲—有棘目
栖息地：世界各大洋海底
食物：贝类、甲壳类
天敌：部分肉食性螺及鱼类

凶猛的肉食者

你千万不要被我"乖巧"的外表迷惑了，其实，我们当中的不少成员都是凶猛的肉食者，它们喜欢吃的食物有贝类、海胆、蟹和海葵等。

我们在全世界约有1 600种家族成员，广泛分布在世界各大洋中。

对宝贝温柔

对自己的孩子，我温柔又贴心。每当产卵后，我就会竖起腕足，在卵上形成一个保护伞，让卵在里面孵化，以免被其他动物吃掉。家族成员的种类不一样，宝贝的生长速率和寿命也不一样。一般寿命有10多年，个别种类寿命可达30多年。

我可以再生

我的再生能力很强，如果遇到了危险，我就会立即切断腕足，逃之夭夭。过了不久，断了的腕足会重新长出来，而一些海星的腕足本身也会长成一只海星。

我可以通过皮肤进行呼吸，在遇到危险时，我的皮肤还会迅速改变颜色以躲避敌害。

海 参

我叫海参，瞧，我是不是长得像个小黄瓜，所以人们形象地叫我"海黄瓜"。我喜欢住在沿海潮流缓慢、海藻丛生的地方。虽然我从没有离开过大海，但我却不会游泳，只会蠕动。

我的求生本领

1. 可以随居住环境而改变体色，躲避敌害。

2. 当感到环境不适时，我会将自身切成数段，每段又会再生。

3. 遇到敌害，我会吐出内脏逃跑的。

4. 没有内脏两个月后，我又会长出新内脏。

我比蜗牛还慢

早在 6 亿多年前，我就在海洋里"定居"了，我出现的时间比原始鱼类还要早呢！我喜欢吃浮游生物。在海里蠕动时，我比蜗牛还慢，1 小时也只能移动三四米。

冬天水冷时，浮游生物会潜到海底以保持温暖，这给我们提供了充足的食物。

我是魔术师

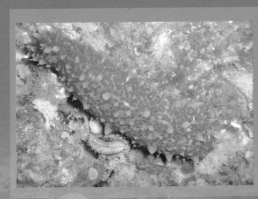

　　我是海中赫赫有名的"魔术师"。我虽然没有眼睛，行动缓慢笨拙，但却非常善于伪装，我的身体颜色会随居住环境的变化而变化，敌人想要找到我可不是那么容易的。

　　我的一些同伴生活在岩礁附近，它们的皮肤是棕色或淡蓝色；而栖居在海带、海草中的成员则是绿色。

刺参如何夏眠？

　　在我的家族中，有个叫刺参的成员。当水温达20℃时，它就会转移到深海的岩礁缝隙中或潜藏于石底，不吃不动，整个身体收缩变硬如刺球，一睡就是一个夏季，等到秋后才苏醒过来恢复活动。

我的分身术

　　每当我遇到危险不能逃脱时，我就会把身体里的内脏从肛门迅速向敌人抛去，然后逃跑。即使敌人抓住我，残忍地将我切成两段，经过一段时间，就会出现两个身体完整又健康的海参。

33

水 母

　　在蔚蓝色的海洋里，点缀着许多漂亮的"小伞"，它们闪耀着微弱的光芒，这就是我——优雅的水母。大家还叫我海蜇，我们家族在全世界有250多种成员呢！

半透明的我

　　我长得就像一把透明的伞，"伞"有大有小，有些成员的"伞"有2米宽呢，挺大吧！我的身体是半透明的，因为我身体的主要成分是水，我们没有固定的外形，看上去非常柔软。

　　我的触手和身体上布满了刺丝囊，这些刺丝囊可以让我在几毫秒内迅速征服猎物。

我的小档案

分类：钵水母纲
栖息地：热带和亚热带海洋浅水区
食物：浮游生物、甲壳类等

小心！触手有毒！

我长着许多长长的触手。在海洋里，当这些触手向四周伸展摆动时，显得异常美丽。不过，你不要被我美丽的外表迷惑了，我大多数伙伴的触手都有毒。

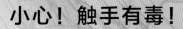

我发光的秘密

我在海中游动时，会变成一个光彩夺目的彩球，光影随波摇曳，看上去十分优美。你知道这是怎么回事吗？这是因为我的身体里有一种神奇的发光蛋白质，这种蛋白质会散发出有色的光。

我不擅长游泳

我并不擅长游泳，通常情况下，我要借助风、浪和水流来移动，但是这并不安全，当海水涨潮时，我就可能会被冲到沙滩上，如果长时间不再涨潮，我就会死去。

海 葵

我看起来像一朵美丽的葵花，其实我是地地道道的海洋动物，人们都叫我海葵。我没有骨骼，附着在海底岩石或其他动物上，如贝壳或蟹身上，随它们一起缓慢移动。

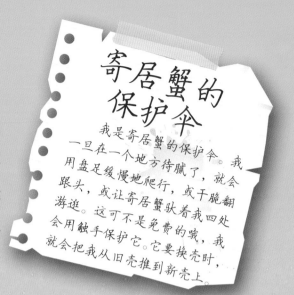

寄居蟹的保护伞

我是寄居蟹的保护伞。我一旦在一个地方待腻了，就会用盘足缓慢地爬行，或干脆翻跟头，或让寄居蟹驮着我四处游逛。这可不是免费的哟，我会用触手保护它。它要换壳时，就会把我从旧壳推到新壳上。

家族成员

我的家族成员众多，它们形状多样，大小各异，有的像向日葵，触手长在身体边缘，摆动不止，看上去非常美丽；有的身体很小，被自己的触手包围着，看起来很害羞的样子。

我的触手有毒

别看我长得很美，我的几十条触手上面长满了倒刺，能够刺穿猎物的肉体，而且会分泌一种毒液，猎物一旦被刺中，就会成为我腹中的美餐！我喜欢吃鱼、贝壳和浮游动物等。

海葵的触手上布满了用来御敌和捕食的刺细胞。

我的搭档小丑鱼

为了争夺食物和地盘，我经常会跟同伴大打出手，但是对小丑鱼，我却非常友好。因为小丑鱼每天都会给我引来食物，而当小丑鱼遇到危险时，我也会用自己的身体来保护它。

为什么小丑鱼不怕我？

小丑鱼之所以不害怕我，是因为小丑鱼的体表有一层保护黏液，能抵抗我的毒素。但是你知道吗？小丑鱼只有变为成鱼的体色时，才可以自由地在我的触手间穿行，而体色未转变的小丑鱼，会遭到我的攻击。

乌　贼

有人叫我墨鱼，但我并不是鱼，而是一种海洋软体动物，我的学名叫乌贼，我的身体像一个橡皮袋子，上面长有十条腕足，看上去张牙舞爪的，而这正是我捕食和作战的武器。

水中火箭

我头部的漏斗不仅是我排泄、喷墨的出口，还是运动器官。当我快速游泳时，我体内的水分就会从漏斗急速喷出，从而使我像离弦的箭一般飞速前进，我因此被称为"水中火箭"。

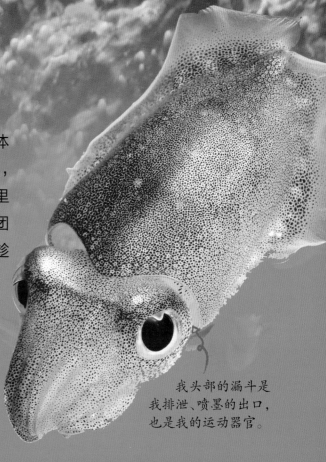

我的迷惑术

我会使用"迷惑术"。我身体里有一个墨囊，装满了黑色毒液，当敌人来侵犯，我就会喷出墨囊里的黑色毒液，霎时间海水变得一团漆黑。在"烟幕"的掩护下，我趁机脱逃。

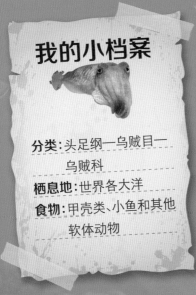

我的小档案

分类：头足纲—乌贼目—乌贼科

栖息地：世界各大洋

食物：甲壳类、小鱼和其他软体动物

我头部的漏斗是我排泄、喷墨的出口，也是我的运动器官。

我是变色大师

你知道吗？我是海洋中的变色大师，我的体内聚集着数百万个红、黄、蓝、黑等色的色素细胞，会随环境变化而快速改变体色。这样可以很好地隐藏自己，避免受到敌害。

我在浅海产卵

我生活在远洋深水里，到了春夏交替之时，我会和同伴成群结队地从深水游向沿海浅水去产卵。我喜欢把卵产在海藻或木片上面，我的卵则像一串串葡萄似的挂在海藻或木片上。

章　鱼

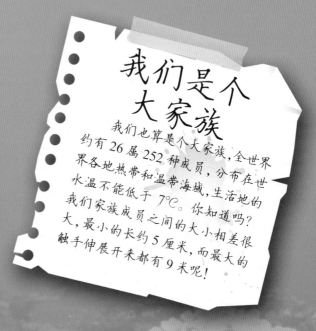

　　我长着8条细长的腕足，我是聪明的章鱼，人们也叫我"八爪鱼"。我叫鱼，却不是鱼，我虽然长得有点儿张牙舞爪，但遇到危险我一点儿也不急躁，我会想办法来对付敌人。

别看我身体庞大，但是因为没有脊椎，所以非常柔软。

我会自断腕足

　　腕足是我的捕食武器。我喜欢躲在洞里，伸出腕足抓路过的鱼来吃。但是如果遇到强敌，咬住我的腕足想将我拉出洞去，我就会自断腕足。过几天伤口会愈合，并长出新腕足。

我们是个大家族

　　我们也算是个大家族，约有26属252种成员，分布在世界各地热带和温带海域，生活地的水温不能低于7℃。你知道吗？我们家族成员之间的大小相差很大，最小的长约5厘米，而最大的触手伸展开来都有9米呢！

我是变形冠军

　　我是海洋中的变形冠军，变形是我最拿手的本领。遇到危险时，我会根据潜伏的敌人来迅速改变自己的模样。有时，我会伪装成海藻，有时又会伪装成珊瑚，有时还会伪装成一块石头。

我会变色

　　你不要吃惊哦！我不仅可以像乌贼一样，连续好几次向外喷射墨汁，使海水变色，我还能迅速改变皮肤颜色，使自己和周围的环境协调一致，逃过敌害，或以此作掩护来捕食。

与乌贼的区别	
章鱼	乌贼
都会喷墨汁作掩护，以逃跑	
8条腕足，有吸盘	10条腕足，无吸盘
没有硬壳	内有硬壳
吃贝壳类	吃小鱼小虾
大脑发达，智商高	大脑不完善

　　我喜欢将自己柔软的身体塞进海螺壳里躲起来，等鱼虾靠近时，我就会猛扑向猎物，然后饱餐一顿。

41

听海洋动物
讲故事

动物王国大探秘

听陆地动物
讲故事

李 航 主编

中国大地出版社
·北京·

图书在版编目（CIP）数据

听陆地动物讲故事 / 李航主编. -- 北京： 中国大地出版社， 2020.5
　　（动物王国大探秘）
　　ISBN 978-7-5200-0516-6

　　Ⅰ．①听… Ⅱ．①李… Ⅲ．①陆栖—动物—儿童读物 Ⅳ．①Q959-49

　　中国版本图书馆 CIP 数据核字（2019）第 278098 号

DONGWU WANGGUO DA TANMI
TING LUDI DONGWU JIANG GUSHI

责任编辑：张曌嫘
责任校对：李　玫
出版发行：中国大地出版社
社址邮编：北京市海淀区学院路 31 号，100083
咨询电话：（010）66554512
印　　刷：湖北鄂南新华印刷包装股份有限公司
开　　本：787mm × 1092mm　1/16
印　　张：24
字　　数：260 千字
版　　次：2020 年 5 月北京第 1 版
印　　次：2020 年 5 月武汉第 1 次印刷
书　　号：ISBN 978-7-5200-0516-6
定　　价：128.00 元（全 8 册）

前言

　　地球上各种各样的动物是孩子们十分感兴趣的。这些动物的样子千差万别，生活方式也不相同。鱼儿在水里游来游去，鸟儿在天空自由飞翔，凶猛的狮子、可爱的企鹅、勤劳的小蜜蜂……它们各有各的特点。它们平时的生活到底是什么样的？如果它们会说话，又会对我们说些什么？

　　在这套书里，我们就带领小朋友们一起走进不同动物的世界，以"听听动物怎么说"的形式，借动物自己的口，向小朋友们讲述不同动物生活中发生的种种趣事。快看吧！史前的恐龙、小小的昆虫、天上的鸟儿、水中的鱼儿……这些海洋动物、陆地动物、水边动物、珍稀动物已经齐齐上阵，准备好了要告诉你它们的秘密。还在等什么呢？快坐好，仔细聆听吧！

目录

狮　子

　　说起我们狮子，应该是无人不知，无人不晓。我们生活在草原上，可以说是草原的王者，大家还常常称我们为"草原霸主"。在草原上，还没有谁敢招惹我们狮子家族呢！

群体生活

　　你知道吗，我们可是猫科动物中唯一喜欢群体生活的动物。一个狮群通常由一只雄狮、几只雌狮和几只幼狮组成。我们雄狮往往还会和雌狮分工合作，共同维持整个群体的生活。

我的小档案

名字：狮子
分类：哺乳纲—食肉目
栖息地：非洲草原
食物：各种草原动物
天敌：无

雌狮一般只有我们雄狮身体的2/3那么大,颈部也没有鬃毛。

雌狮的任务

　　雌狮们平时负责捕猎和哺育幼狮,它们成功捕到猎物后,便会把猎物带回家。狮群中等级分明,雌狮与幼狮必须懂得尊卑,只有在我这个一家之主吃饱后,它们才可以吃剩下的食物。

雌狮是怎样捕猎的?
　　雌狮的捕猎方法很特别,它们在捕食时常会运用计谋,总是协同合作。雌狮总是先从四周悄悄包围猎物,并逐步缩小包围圈,等到时机成熟时便猛扑过去,一口咬住猎物的脖子。

幼狮中的男孩子们一般到了两岁左右,就得离开狮群,面临严酷的独自生存问题了。

2

我们的职责

　　我们雄狮威风凛凛的鬃毛和硕大的头实在是难以隐蔽，所以不方便外出狩猎，但在对付大水牛、河马等大型猎物时就需要我们出马了。平时，我们主要负责驱赶敌人，保卫领地。

　　我们雄狮体格健壮，全身长着黄褐色的短毛，尾端的毛为黑色，还有着长长的鬃毛，一直延伸到肩部和胸部。

别打扰我休息

　　很多时候，你们总是看到我们懒懒地趴在那里。这是因为我们每天只在清晨、黄昏或晚上花两三个小时狩猎，而其余的时间都在睡觉或休息。一旦吃饱了，我们能好几天不用捕食。

老　　虎

提到厉害的动物，怎么能忘了我"百兽之王"老虎呢！你知道吗，我可是地球上最大的猫科动物，也是最大型的陆生食肉哺乳动物，还堪称是最为完美的捕食者。

独特的攻击方式

巡视了一圈，肚子有点儿饿了，去看看附近有什么猎物。咦！前面好像有个大家伙，让我先潜伏下来，然后寻找掩护，再慢慢接近，趁它不注意从后面袭击它。

老虎大集合

东北虎	孟加拉虎	苏门答腊虎

我的身体上有着黑色的美丽条纹，这些条纹是独一无二的，而且身体两侧的条纹图案一般也是不一样的。

界定势力范围的方法

1. 竖起尾巴，将有强烈气味的分泌物和尿液喷在树干上或灌木丛中。
2. 用锐利的爪在树干上抓出痕迹。
3. 在地上打滚，留下毛发。

酷爱洗澡

刚刚捕完食，满身脏兮兮的，现在我最想做的事情就是去泡个澡了。我最喜欢慢慢地蹲在水里，将长长的尾巴浸入水中，然后用尾巴把水往身上挥洒，真是惬意极了！

别看我的牙齿不多，但每颗都非常锐利。我平时总是用巨大而尖锐的牙齿死死地咬住猎物，直至它死去。

独来独往

我平时喜欢独来独往，没事的时候会在领地巡视一下。你问我会不会遇到狼、豹、熊等大型食肉动物？当然不会了，因为在占领了自己的领地以后，我通常会把它们都赶走。

5

猎　豹

我——猎豹，可是陆地上奔跑速度最快的动物，全速奔跑起来时速可以达到120千米，是动物界当之无愧的"短跑冠军"。不过，我只是擅长短跑，在长距离奔跑时速度就慢多了。

从我的嘴角到眼角有一道黑色的条纹，这也是区别我与其他豹的一个明显的特征。

运动员的钉鞋

小时候，我的爪子是可以完全收缩的，但长大后就不能收回来了，还会变得和狗爪一样钝。不过，高速奔跑时，这样的爪子能紧紧抓住地面，使我就像穿了短跑运动员的钉鞋。

6

不善于打斗

　　别看我有着强劲有力的肌肉，其实我并不善于打斗。我的爪子比其他肉食猛兽小，牙齿也较短，还没有壮硕的身躯，所以我无法和那些身体较大的猎物搏斗，也总是避免与其他猛兽发生冲突。

我的小档案

名字：猎豹
分类：哺乳纲—食肉目
栖息地：非洲热带草原
食物：羚羊、角马等
天敌：狮子、鬣狗

以速度取胜

　　我能在残酷的非洲大草原上生存下来，全靠风一般的速度。因为急速奔跑需要消耗大量能量，所以我的耐力较差，而且每次都要拼尽全力，如果多次捕猎都失败，我就可能要饿肚子了。

我的自身优势

我的自身优势
体形纤瘦
骨骼很轻
头部较小
腿细长
脊椎骨柔软并且能弯曲
有一个特大的肺

我还有一条长长的大尾巴，可以在奔跑转弯时起到平衡的作用。

狼

夜深了,远处传来了一阵熟悉的嚎叫声,那是我的同伴在召唤我。我们是一种夜行的动物,白天通常都躲在隐蔽处休息,一直等到天黑后才集合成群,外出寻找食物。

我们的栖息地

草原
森林
荒漠
高原
山区

我们的强项

我们的背部和腿部十分强壮,善于长距离奔跑,而且奔跑速度极快。我们还具有很好的耐力,可以对猎物穷追到底,如果是长跑,速度会超过猎豹。此外,我们的嗅觉和听觉也都非常敏锐,这也更便于我们发现猎物。

严密的等级制度

我们平时都是过着群居的生活,一群狼大约有 5~12 只,最多可达 30 只左右。狼群还有着严密的等级制度,每个狼群中都有一对公狼和母狼作为狼群的最高首领。

不为人知的一面

大家都说我们很凶残，其实并不是那样的。我们一旦选中伴侣，将终生厮守；对于自己的孩子，我们不仅会好好照顾它们，等它们长大一些，还会耐心地教它们捕猎的技巧。

刚出生的小狼是靠吃母乳来成长的。几个星期后，小狼们长出尖锐的乳牙，就不再吃奶了，改吃妈妈吐出来的肉。

集体捕猎

我们在捕猎时会先由一个成员来确定目标，其余的则跟随其后。通常，我们会从各个方向围追拦截猎物，如果猎物数量较多，那我们就会驱赶它们，给猎物群造成恐慌，然后伏击。

我们可以通过一系列声音和动作进行有效地交流，会用不同的叫声和其他的成员交流情况，以便更好地合作。

狐　狸

与那些身体庞大的肉食动物相比，我的个头儿不大，力气也小，但是我的身手非常敏捷，警觉性也很高。或许正是因为我的聪明和警觉，大家才会把我塑造成"狡猾"的形象吧！

狐狸大集合

赤狐	沙狐
北极狐	银黑狐

特殊的本领

我敏捷的身手除了用来捕食以外，还常常用来逃跑。我能够跑得很快，即使再厉害的狗也很难捉到我。这项特殊的本领，可是我在残酷的生存竞争中练就出来的。

单独生活

　　我平时习惯单独生活，只有在繁殖时才会和别的狐狸结成小群体。通常，我最喜欢把家安在树洞或土穴中，在傍晚的时候我会外出寻找吃的东西，一直到天亮才返回家里。

　　我的耳朵很大，通常是直立的，而且呈三角形。灵活的耳朵可以对声音进行准确定位，十分有用。

我的食谱
老鼠
野兔
小鸟
鱼
蛙
昆虫
野果

发光的眼睛

　　如果你在晚上见到我，就会发现我的眼睛会闪闪发光。这是因为我的眼球上有特殊的结构，能够把微弱的光线聚集起来。我的眼睛十分厉害，在黑暗的环境中也能够看清东西。

斑鬣狗

大家都叫我们食腐动物，可这是不公平的。实际上，我们也常常集体捕食一些像羚羊、斑马和角马那样的大中型食草动物，并不是只能靠吃别人残羹剩饭而生活的弱者。

由雌性头领统治

我们过着群体生活，一个族群大约有几十个成员。每个家庭都由雌性头领统治，大家都要听它的话。我们中的雌性成员要比雄性长得更大，也更厉害一些。

我们身上的毛色呈淡黄色至淡褐色，上面还有许多不规则的黑褐色斑点，和豹子的斑点有些类似。

我们的亲戚

条纹鬣狗	非洲野狗

12

合作捕食

我们通常会集体捕食，还会根据不同情况而采用不同的战术。一旦捕获到猎物，我们就会一起狼吞虎咽地分享这份大餐，因为如果不赶快吃完，狮子就会来掠夺我们的食物。

我和狗长得有点儿像，但我的下颌比狗强壮多了。我的颌部又粗又强，能咬开坚硬的骨头。

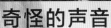

奇怪的声音

夜间，草原深处常会传来我们发出的各种声音，有高声的咆哮、低声的哼哼等等。最奇怪的就是一种音调很高的"咯咯"声，听起来很像是在狂笑，但那其实是我们在受到威胁时发出的声音。

我们的秘密

对于大多数动物来说，雄性往往通过各种手段来吸引雌性，或者通过与竞争者斗争的方式来赢得雌性的芳心，而我们却与那些家伙不一样，还恰恰相反。在我们斑鬣狗家族里，雌性往往只喜欢那些性情温顺的雄鬣狗。

大　象

我们是现在陆地上最大的哺乳动物，有非洲象和亚洲象两种。说起我们非洲象，你一定首先会想到我们庞大的身躯、灵活自如的长鼻子、大大的耳朵，还有举世闻名的象牙吧！

象群的首领

我们平时过着群居生活，象群的首领一般由年长的母象担任。它是一个有智慧的老人，带领我们寻找食物、水源，并躲避危险。大家都很佩服首领，也都愿意听从它的指挥。

象牙的作用

1. 推倒大树，以方便食用树叶。
2. 挖掘植物的根，当做食物。
3. 撕掉树皮，方便咀嚼。
4. 作为战斗的武器。

无所不能的鼻子

我们的鼻子十分灵活，可以把食物和水送进嘴里，还能拿起各种重物。我们还常用鼻子吸水然后喷到自己的身上，也能通过触摸和闻与同伴交流，遇到危险时就把鼻子作为武器使用。

我们的 4 条腿像 4 个圆柱一样，又粗又壮，支撑着庞大的身体。

我们的耳朵像两把大扇子一样，如果天气太热了，我们就可以扇扇耳朵，这样就能凉快一些。

以植物为生

别看我们长得很大，其实我们不吃肉，平时就吃一些植物，像野草、树叶、嫩枝等，都是我们喜欢吃的。因为我们要吃大量的食物才能填饱肚子，所以总是花很多时间采集食物。

我们的声音

我们会用很多种声音来"说话"，能用声音表达自己心情的好坏。当危险来临时，我们还可以用频率很低的声音，如轰隆隆、咕噜噜等，在象群中传递警报，并召回象群外的伙伴。不过，这种声音人类一般是听不到的。

15

斑 马

大家过马路的时候都要走斑马线，你知道吗，我们身上就有像斑马线那样的黑白相间的条纹。除了醒目的条纹之外，我们的外形与一般的马并没什么太大的区别。

保护色

我们身上黑白相间的条纹可以扰乱敌人的视线，是我们的保护色。在开阔的草原和沙漠地带，这些条纹在光的照射下反射的光线各不相同，因此很多动物很难将我们与周围的环境分辨开来。

虽然我们的身上都长有条纹，但不同的成员身上的条纹都是互不相同的，我们之间通过条纹来相互辨认。

我的小档案

名字：斑马

分类：哺乳纲—奇蹄目

栖息地：非洲草原

食物：野草、树枝、树叶

天敌：狮子、鬣狗等

条纹的另一好处

在非洲大陆有一种可怕的昆虫叫作舌蝇，不过我们却并不担心会被它们叮咬。因为舌蝇一般只被同一颜色的大块面积所吸引，所以往往看不见穿了一身黑白条纹外套的我们。

一起御敌

我们生活在以家庭为单位组成的大集体中，有时也跟长颈鹿、角马、羚羊等食草朋友在一起。这样，我们大家不仅可以分享食物，还可以相互传达有关敌人的信息。

我们黑色的鼻子十分显眼，脖子上的鬃毛也与普通的马不一样，通常是高而竖直的。

我们有什么特殊的本领？

我们有一个高超的本领，就是寻找水源。因为每天都要喝大量的水，所以有时就需要自己寻找。我们可以在干涸的河床中找到有水的地方，然后用蹄子挖土，有时甚至能挖出1米深的水井。

犀　牛

大家好,我是犀牛!你可不要被我的样子吓坏,其实我胆子很小,平时总是躲避,并不喜欢战斗,只有在受伤或陷入困境时,我才会变得异常凶猛,但往往只是盲目地冲向敌人。

头上长角

我的头上长着硬硬的角,而且角的尖端十分锋利,就像一把尖刀一样,这也是我最强有力的武器。不同的成员角的数目往往不同,有的家伙有两只角,有的就只长了一只。

我的身体庞大而粗壮,腿比较短,好像柱子一样,所以样子看上去有些笨拙。

我的眼睛很小,所以视力不太好。不过不用担心,因为我有着灵敏的听觉和嗅觉。

主要家族成员
黑犀牛
白犀牛
印度犀牛
苏门答腊犀牛
爪哇犀牛

泥巴浴

因为缺乏汗腺，中午最热的时候我通常就会在泥水中打滚抹泥。泥浆不仅能帮我降低体温，同时还起到了赶走昆虫的作用。不说了，我要赶快去洗个泥巴浴了！

敏感的皮肤

别看我的皮肤又厚又粗糙，但是特别敏感，像是太阳的照射和蚊虫的叮咬都是我无法忍受的。也正是因为这样，所以我总是在早晨和傍晚的时候出来活动。

我的名字

据说第一批到达非洲的荷兰人发现了当地的犀牛——一种嘴略宽、一种嘴略窄，就称嘴宽的为"wide"（宽），以讹传讹就成了"white"（白色），另一种自然就是"black"（黑色）了。这便是"白犀牛""黑犀牛"名字的由来。

19

长颈鹿

我是长颈鹿，是现在陆地上最高的动物。你问我长得高有什么用？长得高当然是有很多好处了，不仅可以让我们吃到高处的枝叶，还能让我们的视野更加开阔，一下子就能看到远方的敌人。

长长的脖子

长长的脖子可以说是我们的标志了，不过我们脖子的长度也让人不得不怀疑我们脖子中的颈椎骨是不是比别的动物多。实际上，我们也只有7块颈椎骨，只是每块都很长而已。

我的小档案

名字：长颈鹿

分类：哺乳纲—偶蹄目

栖息地：非洲草原

食物：树叶

天敌：狮子、猎豹等

我不仅脖子很长，腿也实在是太长了，所以必须把两条腿叉开或跪在地上，才能费力地喝到水

20

我们的宝宝

我们的宝宝可以说是世界上最高的幼崽，它一生下来就大约有2米高，而且出世时要接受从高处摔落的考验。因为我们长颈鹿都是站着生产的。小宝宝摔下时总是头朝地，这看起来很危险，但实际上可以让它们做一次深呼吸。

花格子衣服

我的皮肤上布满了棕黄色斑块，这些斑块交织成网状，看起来就像一件花格子衣服。这衣服可是天然的保护色，就好像是一件"迷彩服"，使我可以隐藏在树荫下不被发现。

有用的舌头

我的舌头也很长，既能当"钩子"用，又是"搅拌机"。只要用舌头轻轻一钩，我便可以轻易吃到高枝上的叶子，然后这些叶子经舌头在口腔中来回搅动，很快就被嚼烂了。

我头上的角与其他鹿的角不同，我的角表面终生覆盖着带毛的皮肤，而且永远不会更换和脱落哦！

21

骆 驼

茫茫的沙漠地带往往是一片荒凉，不仅植物稀少，而且严重缺水，而我却可以在这里顽强地生存。不错，我就是"沙漠之舟"——骆驼。想知道我是怎么做到的吗？一起来看看吧！

变化的体温

和许多哺乳动物不一样，我的体温是会变化的。晚上我的体温为34℃，白天高达41℃。只有在白天气温高于这个体温时，我才开始出汗，这样就能最大限度地保持体内的水分了。

我的脚掌扁平，脚掌还有又厚又软的肉垫子，所以在沙地上行走时不会陷入到沙中

大大的驼峰

我的背上长着大大的驼峰，驼峰里储存着特殊的脂肪，就像个"食品储藏柜"。在沙漠中，如果没有食物和水，驼峰里的脂肪就会在必要的时候，转变成身体急需的养分和水。

贮存水的地方

我的胃里有许多瓶子形状的小泡泡，那就是存贮水的地方。即使几天不喝水，我也不会有生命危险。在找到水源后，我可以一口气喝下 100 升水，数分钟内就能恢复丢失的体重。

我的身上有着长而蓬松的驼毛，形成了一个有效的隔热屏障。驼毛除了隔热，也间接减少了水分的蒸发。

我的"装备"

1.耳朵里有毛，能阻挡风沙进入。

2. 双重眼睑和浓密的长睫毛可以防止风沙进入眼睛。

3. 鼻子可以自由关闭，把沙尘拒之鼻外。

我的家族成员

单峰骆驼	双峰骆驼

袋　　鼠

　　我们以腹前的大口袋而闻名，但并不是所有成员都有口袋，只有那些负责生育的雌袋鼠才长了一个毛茸茸的大口袋。想知道这个口袋有什么用吗？别着急，让我慢慢告诉你。

妈妈的"育儿袋"

　　口袋实际上是袋鼠妈妈的"育儿袋"。因为小袋鼠刚生下来时非常弱小，身上没有毛，眼睛看不清东西，所以必须待在妈妈的袋子里继续发育，直到长大为止。

　　我们的后腿长而有力，能够跳得又高又远。通常，从跳跃的方式就很容易将我们与其他动物区分开来。

红袋鼠都是红色的吗？
　　红袋鼠是我们家族中最著名的成员，长得也最大，它们一般生活在澳大利亚的干燥地带。有意思的是，虽然名字叫"红袋鼠"，但实际上只有雄性红袋鼠是红色的，而雌性红袋鼠通常为灰蓝色。

又粗又长的尾巴

我们有一条又粗又长的尾巴，在跳跃时能起平衡作用；大尾巴还可以作为"第五条腿"，用来支撑身体；在受到威胁时尾巴还可以当作武器使用。怎么样？我们的尾巴是不是很有用？

我们的前肢看起来十分短小，前爪可以抓握东西。

我的成长

1. 大约 3 个月大的时候，我可以从育儿袋里探出头透透气，看看外面的风景。

2. 约 8 个月大时，我可以自在地爬进爬出妈妈的育儿袋。

3. 约 18 个月大时，育儿袋已经装不下我了，我只能把头钻到育儿袋里去吃奶，也可以吃点青草和树叶。

拳击赛事

有时，你也许会看到我们在进行"拳击赛事"，其实这只是大家无聊时玩的游戏，这种游戏也用在向异性表达爱意。为了争夺伴侣，雄性成员之间还经常爆发激烈的战争。

25

刺 猬

不要看我长得小小的就觉得我很弱，其实我也有自己的防身法宝，那就是我身上的尖刺。除了肚子以外，我全身都长满了硬刺，就连短小的尾巴也藏在刺中。怎么样？是不是很厉害呀？

带刺的小球

遇到危险时，我会马上蜷缩成一个刺球，这样就是再凶猛的家伙也无从下口了。不过，这招对狐狸和黄鼠狼并不管用，它们总会有办法让我松散开来，所以我最怕遇到它们了。

喜欢安静

尽管我的刺看起来很厉害，但我的性情很温和，从不主动伤害别人。其实我还十分胆小，而且怕光，又喜欢安静的环境，所以白天的时候我总是在洞里睡觉，晚上才出来找东西吃。

我的别名
刺团
猬鼠
偷瓜獾
毛刺

我的全身披着短而密的刺，这些硬刺一般是褐色的，而我的头、尾和腹部则有一些很短的毛。

我的小档案

名字：刺猬
分类：哺乳纲—猬形目
栖息地：森林、草原、荒漠
食物：昆虫和蠕虫
天故：貂、猫头鹰、狐狸

穿"棉衣"冬眠

冬天，天气越来越冷的时候，我就会开始冬眠。枯枝和落叶堆是我最喜欢的冬眠场所了！我会让自己的刺上扎满厚厚的枯叶，就像穿上了一件"棉衣"，这样就不会冷了。

虽然我的视力和听力都不太好，但嗅觉却十分灵敏。我的鼻子总是湿漉漉的，能闻到地表以下3厘米处的小虫子。

棕　　熊

　　熊家族成员众多，其中个头儿最大、分布最广、名气最响的无疑就是我了。别看我平时行动很缓慢，走起路来摇摇晃晃的，但如果遇到危险或追赶猎物时，我也会跑得很快。

性情孤僻

　　大家都说我性情孤僻，确实是这样的，除了繁殖期和抚养孩子的时候，我一般都喜欢单独活动。我们大多都有属于自己的领地，经常会用啃咬树干的方法留下痕迹。

我的头又大又圆。不过和硕大的头比起来，我的一对耳朵就显得非常小了。

我为什么还被称为"灰熊"？

　　我们身体上的被毛颜色不一，有金色、棕色等。在美洲，因为家族中的一些成员身上的毛尖颜色偏浅，甚至近乎银白，看上去就像是披了一层银灰，所以才被称为"灰熊"。

灵敏的嗅觉

　　虽然我的视力比较差，但是没关系，因为我的嗅觉可是很灵敏的，是猎犬的7倍呢！我只要用鼻子嗅一嗅，就可以找到很多食物。这不，现在我又闻到了美食的味道了。

我的著名"亲戚"

黑熊	北极熊	大熊猫
![黑熊]	![北极熊]	![大熊猫]

大胃口的杂食家

　　我从不挑食，胃口也很大。嫩芽、果实、蘑菇、种子和青草是我平时吃得最多的东西，我还常挖食白蚁和蠕虫，也会吃些蜂蜜。我们中的有些成员喜欢吃迁徙的鲑鱼和腐肉。

小熊猫

　　听到我的名字，你一定会以为我是大熊猫的宝宝吧！其实，我虽然在名字、饮食习惯等方面与大熊猫很像，但在亲缘关系上我们却相距很远。我是浣熊的表兄弟，而大熊猫和熊是近亲。

我和大熊猫的相似之处
1. 体形都偏肥胖。
2. 头骨和前掌的结构相近。
3. 牙齿都可以咀嚼竹子。
4. 脚趾都可以抓住竹子。

攀爬技术高超

　　平时没事的时候，我最喜欢在向阳的山崖或大树顶上晒太阳。我的爬树本领可是非常高超的，能一下子就爬到高高的树顶上去。有些困了，让我先去打个盹儿再说！

可爱的长相

长着圆眼睛、圆鼻子,既像浣熊又像狐狸,这就是我了。我身上毛的颜色不太一样,躯干上的毛为红褐色,四肢则是棕黑色的,脸颊上还有白色斑纹,看起来像个小丑似的。

我的脸上还长着长长的白色胡须,它们可是我最理想的探测仪器了。

我的尾巴又粗又长,因为上面长着红白相间的环纹,所以我才又有了"九节狼"这个唬人的名字。

走路的姿势

我的脚下面还长着厚密的绒毛,非常适合在密林下湿滑的地面或者岩石上行走。走路时,我的前脚会向内弯,显得步态蹒跚。是不是与熊类走路的姿势很像呀?

我的食谱
竹叶
竹笋
嫩芽
野果
昆虫
小鸟

31

松　　鼠

　　大家好，我是讨人喜爱、聪明灵巧的小松鼠，我最喜欢在树上跳来跳去地玩耍了。要说我最大的特点，应该就是身后拖着的那条长长的大尾巴了，让我给你讲讲它的用处吧！

　　吃东西的时候，我喜欢用前肢抱着食物送入口中。在地面上，一旦发现食物我还会坐下来，捧着食物用门牙啃食。

有用的大尾巴

　　我的这条大尾巴不仅漂亮，而且用处还很大。它能起到很好的平衡作用，让我不至于从树上掉下去。晚上，我还会用毛茸茸的尾巴裹住身体，就好像盖了一床棉被一样。

我的小档案

名字：松鼠
分类：哺乳纲—啮齿目
栖息地：寒温带的森林地区
食物：种子和果仁
天敌：貂等

发达的嗅觉

我的嗅觉十分发达，能准确无误地辨别出松籽果仁的空实，凡是松塔尖上被我放弃的种子里面一般都没有种仁。虽然这些种子的外壳没有被咬开，但我还是一嗅便知。怎么样？是不是很厉害呀？

喜欢啃硬东西

我最喜欢吃花生、核桃、榛子和松籽了，其实不仅仅是因为这些东西好吃，还因为我的牙齿是不停生长的，如果不用一些硬东西来磨磨的话，太长的牙齿就会把嘴巴戳破。

大而明亮的眼睛

我有一双圆圆的眼睛，又大又明亮。因为生活在树上，我们经常需要从一根枝条跳向另一根，所以大眼睛对于正确判断枝条间的距离，可是必不可少的。

我的身体细长，全身长有柔软而浓密的长毛，一般为灰色、暗褐色或赤褐色。

33

兔　子

　　我是可爱的小兔子,别看我个头儿不高,但我的听觉非常灵敏。一旦有什么风吹草动,我就会立即奔跑或躲藏起来,"软弱无力"的我就是用机警善跑的本领来保护自己。

有用的长耳朵

　　我长着一对漂亮的长耳朵,能够听到细微的声音。长耳朵还可以用来调节体温,运动时我会将耳朵高高竖起,让凉风将其中的血液冷却,再通过全身的血液循环,给身体降温。

　　我的嘴巴也跟别的动物不同,我的上嘴唇中间有一条线,通常叫作"三瓣嘴"。

我的小档案

名字:兔子

分类:哺乳纲—兔形目

栖息地:荒漠、草原和森林

食物:草、嫩根

天敌:蛇、鹰、狼等

狡兔三窟

你听过"狡兔三窟"的故事吗？其实，这说的就是我们有多处藏身的洞穴。而且，我们通常还会在洞穴里留好几个出口，这样如果"前门"有危险，就可以从"后门"逃走了。怎么样，我们是不是很聪明？

我的尾巴一般都很短，毛茸茸的，总是微微向上翘着，被身上的长毛覆盖着。

逃生绝技

我的后腿强劲有力，可以跳得很高，奔跑的时候是跳跃式前进的，速度非常快。在逃跑时，我还会边跑边回头看，一旦有机会，我就会突然向旁边一闪，甩掉敌人。

眼睛的颜色

我们眼睛的颜色与皮毛颜色有关系，黑兔的眼睛是黑色的，灰兔的眼睛是灰色的，而白兔的眼睛却是红色的。这是因为，白兔的眼睛其实是透明的，以至于能清楚地看到里面的毛细血管，所以大家看到的红色是血液的颜色。

大猩猩

　　粗犷的面孔、扁平的鼻子、巨大的身材,这就是我的样子。不过,你可别看我的外表有些可怕,但其实我的性情很温和,不太喜欢争斗,只是个喜欢吃素食的大家伙而已。

生活在一起

　　我们总是成群生活在一起,由一只雄性首领来领导,群里还有好几只雌性成员和它们的孩子。首领带领大家寻找食物,并且找地方让大家休息,大家也都完全听从首领的命令。

爱吃素食

　　我们平时喜欢吃植物的果实、嫩芽、花朵和枝叶,甚至树皮,有时也会漫不经心地吃掉一些白蚁、蚂蚁等昆虫,而这些只是餐后"小点心",并不是我们的主食。

示威动作

　　当我们遭遇敌人的时候，首领就会用两只手用力快速地捶打胸部，还会用吼叫和虚张声势的表情来吓走敌人。敲击胸膛是我们的一种示威或沟通的动作，用来向对方展示自己的力量或传达信息。

　　我长得十分健壮魁梧，全身都覆盖着黑褐色的毛，而脸上和耳朵上却都是没有毛的。

我的眼睛很小，鼻孔却非常大，眼睛上的额头往往还很高，这样就显得我的眼睛更加小了。

家族其他成员

猩猩

黑猩猩

长臂猿

我是怎么走路的？

　　我的上肢比下肢长，两臂左右平伸可以达到 2 米。虽然我平时常常用双足站立，但行走的时候仍是四肢着地。我在走路的时候会曲着膝盖，用前肢握拳支撑身体前进，这样的走路方式也被大家称为"拳步"。

眼镜蛇

其实，你真应该羡慕我们蛇，我们有着柔软的身体和厉害的捕食技巧。实际上不仅如此，我们眼镜蛇的致命的毒液，更是令很多动物都闻风丧胆，见到我们就立刻逃之夭夭了。

我的颈部扩张时，背部会呈现一对美丽的黑白斑，看似眼镜状花纹，我的名字也由此而来。

吓唬对手

我可是蛇类家族中非常厉害的一个成员，最明显的特征就是颈部。遇到危险时，我会抬起自己身体的前半部分，同时颈部两侧也会膨胀起来，并发出呼呼的响声来吓唬对方。

我的小档案

名字：眼镜蛇

分类：爬行纲—有鳞目

栖息地：树林、草原、沙漠等

食物：蛙、鼠、鸟及鸟卵

天敌：獴

尖利的毒牙

我能以闪电般的速度攻击猎物，然后用尖利的毒牙刺破猎物的皮肤，把毒液注射进去。接着，我再紧紧缠着它，注入更多的毒液。我的毒液十分厉害，能够使猎物麻痹、死亡。

我的别名
膨颈蛇
蝙蝠蛇
扇头风
扁头风
饭铲头

把猎物吞下去

刚刚捕到的那只大老鼠真是太美味了。哦，对了！你知道吗，我在吃东西的时候不需要咀嚼，会直接把它们吞下去。吃饱了以后，我至少2周之内都不需要再吃东西了。

当我的颈部膨胀时，能看到一个明显的眼睛状花纹，和人类戴的眼镜特别像，所以人类管我们叫眼镜蛇。

我常常会吐出分叉的舌头，用它来感知猎物释放的热量和气味。

变色龙

你看见我了吗？我就隐藏在树叶中间，只要我一动不动地待在那里，一般是不会被别人轻易发现的。我能模仿周围的环境而完全变换自己身体的颜色，所以大家才叫我变色龙。

变色的秘密

我身体颜色的变化受神经系统的支配，神经系统中的色素细胞在体内浓缩或稀释，从而增加或减弱色彩。我的体色可以随光线、温度、湿度及心情的变化而改变，尤其是温度和湿度对变色起着至关重要的作用。

变色大师

我可是自然界中当之无愧的"变色大师"，能巧妙地变色伪装，将自己融入周围的环境之中。我之所以伪装自己，不仅是为了靠近猎物，也是为了躲避那些可怕的敌人。

我的身体一般为长筒状，两侧扁平，上面还覆盖着一层装饰鳞片。

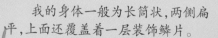

40

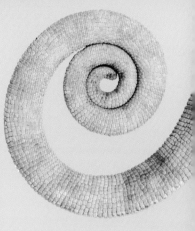

有用的尾巴

　　我有一条长长的尾巴，它能像发条般卷曲起来，所以我常常将它缠绕于树枝上。这样，当我待在树上的时候，尾巴就像是我的"第五条腿"，可以保证我稳稳地待在树枝上不会掉下来。

改变体色的目的
1.伪装自己。
2.心情状态的反映。
3.传递信息的方式。

用舌头捕食

　　只要是发现了可口的昆虫，我就会迅速地将舌头弹出去。昆虫往往还来不及做任何反应，就会被我的长舌头吸住。然后，长舌头又像"卷棉被"般地回到我的嘴里来了。

　　我的头通常呈三角形，双眼都被鳞片覆盖着，只留下一个小孔，但眼球却可以随意转动。

听陆地动物
讲故事

动物王国大探秘

听珍稀动物讲故事

李 航 主编

中国大地出版社
·北京·

图书在版编目（CIP）数据

听珍稀动物讲故事 / 李航主编. -- 北京： 中国大地出版社，2020.5
　　（动物王国大探秘）
　　ISBN 978-7-5200-0516-6

　　Ⅰ．①听… Ⅱ．①李… Ⅲ．①珍稀动物—儿童读物 Ⅳ．①Q95-49

中国版本图书馆 CIP 数据核字（2019）第 278091 号

DONGWU WANGGUO DA TANMI
TING ZHENXI DONGWU JIANG GUSHI

责任编辑：张曌嫘
责任校对：李　玫
出版发行：中国大地出版社
社址邮编：北京市海淀区学院路 31 号，100083
咨询电话：（010）66554512
印　　刷：湖北鄂南新华印刷包装股份有限公司
开　　本：787mm × 1092mm　1/16
印　　张：24
字　　数：260 千字
版　　次：2020 年 5 月北京第 1 版
印　　次：2020 年 5 月武汉第 1 次印刷
书　　号：ISBN 978-7-5200-0516-6
定　　价：128.00 元（全 8 册）

前言

　　地球上各种各样的动物是孩子们十分感兴趣的。这些动物的样子千差万别，生活方式也不相同。鱼儿在水里游来游去，鸟儿在天空自由飞翔，凶猛的狮子、可爱的企鹅、勤劳的小蜜蜂……它们各有各的特点。它们平时的生活到底是什么样的？如果它们会说话，又会对我们说些什么？

　　在这套书里，我们就带领小朋友们一起走进不同动物的世界，以"听听动物怎么说"的形式，借动物自己的口，向小朋友们讲述不同动物生活中发生的种种趣事。快看吧！史前的恐龙、小小的昆虫、天上的鸟儿、水中的鱼儿……这些海洋动物、陆地动物、水边动物、珍稀动物已经齐齐上阵，准备好了要告诉你它们的秘密。还在等什么呢？快坐好，仔细聆听吧！

目录

大熊猫

大家好！我是国宝大熊猫！我是中国所独有的哺乳动物，别看我胖乎乎的，可不论走到世界哪里，大家都喜欢亲近我。在外国，只要看到我，人们就会想到中国。能为国争光，我牛吧！

我的家族

现在，全世界的物种越来越少了，而我的家族也不兴旺。目前，在全世界范围内，野生的大熊猫还不到 1 600 只，这真是太少了！但你可别因此就小瞧我，我可是国家一级保护动物呢！

家族历史

或许你不知道，我们的家族已有 800 多万年历史了，当时在地球上存活的动物，至今已经没有几个了！在这漫长的历史中，为了适应环境，我们的先祖不断地改变自己，终于使种族延续了下来。

我的小档案

分类：哺乳纲一食肉目
栖息地：温带高山深谷
食物：竹子为主
天敌：豺、狼、云豹

在保护中心，我衣食无忧，生活舒适。每天都有细心的管理员给我送来充足的食物，并为我打扫宿舍。

1

我的名字

大家常叫我"大熊猫"。其实，我不止这一个名字，我还有华熊、竹熊、银狗这几个名字呢。或许是因为我有一张猫一样的胖圆脸，而体形又胖得像熊，所以，大家才叫我"大熊猫"。

我的样子

我除耳朵、眼睛和四肢是黑色外，其余部位大都是白色。我既不像狮子那样高大威猛，也不像家猫那样娇小可爱，而总是一副胖嘟嘟肉呼呼的样子。平日里，我就喜欢迈着内八字步优哉游哉地闲逛。

我怎样成长？

在幼年时期，当我饥饿、寒冷或感到不适时，就会用不同的声音来提醒妈妈。在出生一个月后，我慢慢长出耳朵、眼眶、腿和肩带。之后，就和妈妈越来越像了。

跟家人在一起，是我最开心的时刻。我们大家可以嬉戏、追逐，有时，我们还会进行摔跤比赛呢！

近视的我

你们可能不知道，我其实是一个近视患者！科学家说，这可能是由于我的先辈长期生活在浓密的竹林里，而那里光线暗淡，障碍物又多，使得它们的视线变短，久而久之，我们就都变成近视眼了。

竹子是我的最爱，在大山中，最不缺的就是竹子！因此，我从不必为食物担忧。

我的食物

起初，我也是吃肉的。后来，由于环境变化，我不得不改吃竹子了！现在，我们家族大部分的食物都是竹子。虽然吃素很长时间，可我的牙齿和消化道还未改变，因此我还属于肉食性动物！

金丝猴

嗨！我是金丝猴！因为拥有一身金黄的体毛，所以大家就叫我"金丝猴"。目前，全世界只有在亚洲的缅甸、越南和中国才能看到我们。不过，你偶尔也能在电视上看到我敏捷的身影。

我的家族

大约在 100 万年前，我的直系祖先就出现在了中国秦岭地区。之后，经过了漫长的演变，如今，我的家族已演变出缅甸金丝猴（怒江金丝猴）、川金丝猴、滇金丝猴、黔金丝猴和越南金丝猴 5 个分支。

我喜欢和家人待在一起。这样，大家可以一块儿玩耍、休息和觅食。在吃饱后，我最喜欢待在妈妈身旁，让她给我捉虱子。

我的相貌

我常年生活在上千米的高原上，为适应缺氧的环境，我的鼻孔不仅大，而且还向上翘着，这使我呼吸更方便。我的嘴不能一下子存储太多的食物，所以我的嘴唇就比较厚，这样吃东西就能快些。

吃饱喝足之后，我就喜欢静静地坐在树上，晒晒太阳，真舒服！

我的出生

通常，我要在妈妈的肚子里待 6 个月左右的时间才降生，但有的兄弟姐妹只待 3~4 个月就出生了。

我吃什么

在高山密林中，能吃的东西到处都有。虽然我喜欢在树上生活，但偶尔我也会去地面找吃的。我最爱吃树叶、嫩树枝、野花和野果，也爱吃昆虫、树皮和苔藓。如果有机会，我也会偷吃鸟蛋的！

5

朱　鹮

　　该我登场啦！我是朱鹮，在 20 世纪 80 年代之前，大家肯定对我非常陌生，但随着国家的不断宣传，几十年来，我的知名度越来越高了。目前，除了中国之外，在世界其他地方有时也能看到我们的身影。

我的翅膀非常优美，我的羽毛外部是白色的。当我展翅飞翔时，我飞羽上的红色就会显现出来。

我什么样

　　我身材中等，全身羽毛雪白，嘴巴细长而末端下弯，嘴尖呈红色，头后部有较长的柳叶型羽冠。我头部、羽冠、两翅和尾巴上的羽毛呈粉红色，在展翅飞翔时，人们会看到我的飞羽是粉红色的。

我的家乡

　　我喜欢待在湿地、沼泽和水田中。在 20 世纪 80 年代，再次被人发现时，我就生活在秦岭南麓一带（陕西洋县），那里山清水秀，气候湿润，很多地方都有稻田、河滩、池塘、河流和沼泽。

我迁徙吗？

　　如今，我们的族群就仅剩下中国这一支了。我们是留鸟，通常不迁徙。只有在每年的繁殖期，我们才会离开栖息地繁衍，但也不会离开太远。

我的习惯

我性格比较孤僻沉静，不喜欢与其他同伴一起活动、捕食。白天，我会四处觅食；到晚上，我就在高大的树上休息。除起飞时鸣叫外，平日里，我都会安安静静地独自捕捉小鱼、泥鳅、虾等。

在湿地和沼泽中，有许多小鱼、小虾、泥鳅和一些小虫，这些可都是我的最爱。一旦发现食物，我会立即奔上去，用嘴去啄！

我的现状

在 20 世纪 80 年代刚被发现时，我们已处于灭绝的边缘。后来经过人工繁殖，到 2010 年，我们种群的数量已达到 2 000 多只，其中野生数量突破 600 只。

丹顶鹤

我是丹顶鹤,我最显著的标志就是头顶的这块红斑,我的名字也由此而来。春天来了,我要从洞庭湖飞到黑龙江去,因为那里冬雪初融,食物充足,而且我也该给自己的孩子建房子了。

红顶仙鹤

我头顶皮肤裸露,呈鲜红色。武侠小说中常提到的剧毒鹤顶红,说的就是我头顶的这一处部位。他们说我的丹顶有毒,这真是天大的冤枉!这一点我必须澄清,我绝对没有毒,更不会害人的。

在阳光明媚的水畔,兴致来了,我也会引吭高歌一曲。我的颈部较长,鸣管也长,因此我的声音传得很远!

我的舞蹈动作有哪些?

我的舞蹈复杂,舞姿多是由几十个、几百个动作连续变换而成,主要有伸腰抬头、弯腰、跳跃、跳踢、屈背、鞠躬等,但姿势、幅度、快慢有所不同。

我很怕冷

    北方的冬季太寒冷了，我根本忍受不了。因此每年一入秋，我就会跟随着家人向南方迁徙，通常我们会停在江苏的盐城一带，因为那里的冬季不太冷，而且也有充足的食物。

我的生存现状

    由于盗猎猖獗，我的数量锐减，至2010年，全世界仅有1 500只左右。

    我常会在浅水地带活动，因为那里有我爱吃的鱼虾、蝌蚪、蛤蜊等美食。我静静地站在泥水里，只要发现了游鱼、小虾，迅速一啄，美味就进入我口中了。

我的天堂

    湿地、沼泽和湖畔是我活动、觅食的主要区域。我的食物主要是浅水中的鱼虾、软体动物和一些植物的根茎，季节不同，我吃的食物也不一样。我春秋两季换羽两次，这期间我只能待在地面上。

麋 鹿

看到我的样子,大家千万不要奇怪,我叫麋鹿,又叫"四不像",因为我的头脸像马,角像鹿,颈像骆驼,而尾巴又像驴,因此被人称作"四不像"。其实,这长相是天生的,与它们可毫不相干!

悲痛的时代

我在中国曾生活了数百万年,在距今 3 000 年到 10 000 年前,正是我们族群最昌盛的时期,那时,我们的数量一度达到上亿头。而到汉朝时,我们族群的数量开始锐减;到了清朝末年,我们在中国大地上绝迹了!

为什么我在中国绝迹?

清朝末年,全中国只有北京皇家园林中还有我们的踪迹。但 1900 年,八国联军入侵,皇家园林遭到焚毁,我的族群就此在中国绝迹。

恐怕世界上再没有哪种动物能像我这样,集四种动物的特点于一身了。由于头上有鹿角,所以人们也常把我当鹿看,其实这也没有错。

重回故土

在中国大地上绝迹了半个多世纪后,我又重新踏上故土啦! 1985 年,在世界自然基金会的帮助下,我与几个同伴不远万里从伦敦来到中国。回到祖先曾经生活的地方后,我的族群开始逐渐复兴。

快乐的一家

　　我不喜欢独来独往，而喜欢与同伴们一起活动。我最喜欢吃河边的嫩草，有时我也吃树叶和苔藓。我善于游泳，在炎炎夏日，我最喜欢和同伴们在河中戏耍，有时会整日待在水里不上岸。

我是一种群居动物，通常，我会与伙伴们一起在林间吃草，追赶戏耍。

古代神兽

　　在古代神魔小说《封神榜》中，西周姜子牙的坐骑不是马，而是一头麋鹿。由于我形象奇特，因而一度被人当作神兽。

猕　猴

　　我猕猴来啦！因为我适应性强，容易驯养，且生理上与人类较接近，所以常被人类驯养。过去，有一些养猴人常会带着我们走街串巷，四处给人们表演。所以，我可算是猴中的演艺人员了。

我是日本猕猴！在寒冷的冬季，我常会泡在温暖的温泉中驱寒。

猴模人样

　　我是自然界最常见的一种猴。在同类中，我的个头儿娇小，颜面消瘦，眉骨高，眼窝深，嘴部突出，整个面部裸露无毛，轮廓分明。这些相貌特征与人类很类似，或许是这个原因，让人们都愿意亲近我。

怎样选猴王？

　　我们的猴王之位是由4年一次的公平竞争选出来的。猴王的位置，谁都能坐，只要你能打败猴群中的挑战者，你就是猴王。4年后，若还没有人打败你，你就继续做你的猴王。

我的乐园

我适应性较强，栖息地也比较广泛，草原、沼泽和各类森林我都能适应。即使是山崖峭壁、山涧溪谷我也视若平地，穿行自如。但我还是喜欢在有山的林间活动，那里可是我的世外桃源。

我的幼年

在妈妈的肚子里待了大约5个月后，我就出生了。出生后，我要妈妈哺乳4个月，然后就能自己找食物吃了。

猴王是老大

我喜欢生活在集体中，从不单独生活。通常，我们的族群由数十只或数百只猕猴组成，由猴王带领着群居在山林中。我们主要以树叶、嫩枝、野菜等为食，但偶尔我们也会偷吃小鸟和鸟蛋。

小时候，我的胆子比较小。因此我常依偎在妈妈的怀里。在春天阳光明媚的日子里，我们常会待在向阳的山坡上晒太阳，而妈妈会一边给我捉虱子，一边给我整理毛发。

13

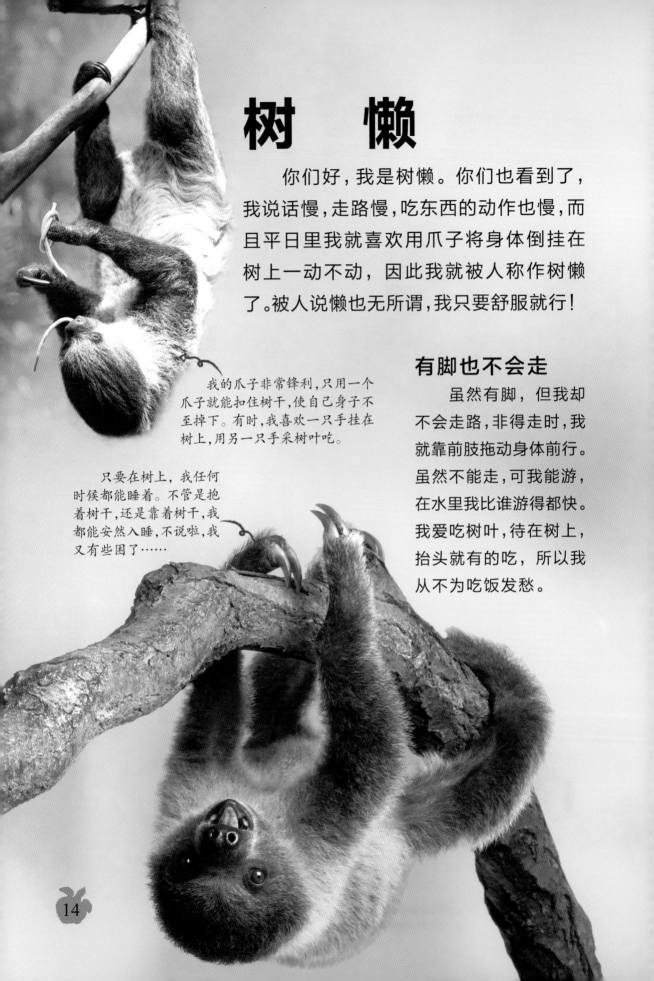

树　　懒

你们好，我是树懒。你们也看到了，我说话慢，走路慢，吃东西的动作也慢，而且平日里我就喜欢用爪子将身体倒挂在树上一动不动，因此我就被人称作树懒了。被人说懒也无所谓，我只要舒服就行！

我的爪子非常锋利，只用一个爪子就能扣住树干，使自己身子不至掉下。有时，我喜欢一只手挂在树上，用另一只手采树叶吃。

只要在树上，我任何时候都能睡着。不管是抱着树干，还是靠着树干，我都能安然入睡，不说啦，我又有些困了……

有脚也不会走

虽然有脚，但我却不会走路，非得走时，我就靠前肢拖动身体前行。虽然不能走，可我能游，在水里我比谁游得都快。我爱吃树叶，待在树上，抬头就有的吃，所以我从不为吃饭发愁。

14

我怕冷
我生活在热带。我的体温调节机能不完全，体温一般在 28~35℃。当气温降到 27℃ 以下时，我就冷得发抖。

遇到敌人怎么办?
我的皮毛很密，一般的小食肉动物也咬不伤我；就算被发现了，我爪子锋利无比，要是被我抓一下，它可绝不好受!

我特别懒

我特别懒，平时就算大祸临头，我也是不慌不忙的。我什么事都懒得做，我只想静静地待在树上睡觉。有时，即使饿了也懒得去找东西吃，因此我特别能挨饿，就算一个月不吃东西也没事的!

我的地盘

由于长期的生活习惯，我几乎丧失了地面活动能力。平时，我都是倒挂在树干上。这样时间一长，我的身上就开始长藻类植物了。不过这也好，我在树上时，就仿佛披着一身隐形衣，很难被其他动物发现。

藏羚羊

大家好，我是藏羚羊，来自遥远的青藏高原。在寒冷缺氧的青藏高原上，自然环境非常恶劣，而且还有天敌的威胁，因此，为了生存我必须将自己变得身强体健，大家看我是不是很强壮？

我特别能跑，即使空气稀薄的青藏高原上，我也能奔跑如飞。我跑起来的速度能达到每小时70千米哩！

我的标志

在我们家族中，只有雄性才长有竖琴般的长角，而雌性不长角。这对长角既是我御敌的武器，也是我"男子汉"身份的标志。在青藏高原上，只要看到有一对长角露出来，那肯定就是我来了！

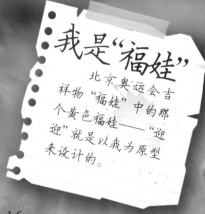

我是"福娃"

北京奥运会吉祥物"福娃"中的那个黄色福娃——"迎迎"就是以我为原型来设计的。

逐草而居

　　我习惯与同伴一同生活。在每天清晨和傍晚，我们大家一同觅食，在中午时，我们常在湖边、河岸或低洼处休息。在食物比较贫乏的冬春季节，为寻找食物，我们都会一同迁徙。

　　青藏高原空气比较稀薄，呼吸比较困难，而我的鼻孔内有一个小囊，这对我在空气稀薄的高原上进行呼吸有帮助。

我的小档案

分类：哺乳纲—偶蹄目

栖息地：青藏高原

食物：沙生植物的茎叶

天敌：狼、秃鹫

可怕的狼

　　狼是我们的主要天敌。在觅食时，这些凶残的家伙会向我们发起突袭，族群中一些老弱的同伴，常因身体羸弱而葬身狼腹。此外，对于幼小的藏羚羊来说，秃鹫也是一种很致命的威胁。

野牦牛

我也来自青藏高原，我叫野牦牛。在高寒缺氧的青藏高原上，一般的牛种都难以生存，而我却不怕！我既能爬陡坡走险路，也能上雪山过沼泽，在这人迹罕至的高原上，我生龙活虎地生活着！

这对犄角可是我的标志！即使遇到再凶猛的动物，凭借着这对犄角，我也能让它四脚朝天，赶快逃走！

我发怒了

我也有大发雷霆的时候，但通常我会先礼后兵，当我竖起尾巴时，就表示我要动武了，如果对方不识趣，仍不示弱后退，那我就要和它一决高下了。

高原壮汉

我头大角粗，体格庞大，身体粗壮，俨然一副威风凛凛的高原王者之相。我与其他牛种最显著的差别是：我颈部和腹部的毛特别长，这些毛几乎垂到地面上，就仿佛在身上披了一件蓑衣一样。

快乐的生活

我生活在海拔四五千米的高原上，在人迹罕至的山间盆地和高山草甸地带，我自由快乐地生活着。在晨光熹微的清晨或者满天星斗的晚上，我会出去觅食，柔软的邦扎草是我最喜欢吃的食物。

我爱我家

　　虽然我不惧危险,但是平日里我还是尽量与家族成员们待在一起。这样,真有危险的话,大家也可以相互照应,共同应对险境。每当这时,我们的头领总会身先士卒,一"牛"当先,这令我特别钦佩!

我们老年时什么样?
　　在我们种群中,常有一些年老的雄性野牦牛会变得性情孤僻。在夏季时,它们会突然离群索居,直至老死在一处人迹罕至的地方。

　　我体形庞大,一旦奔跑起来,威风凛凛,有小动物望见了,都会赶紧避开,以免被我踩伤或撞伤,要是被我踩了或撞了,那伤口决不会小!

19

树袋熊

嗨！大家好啊！我是树袋熊，来自遥远的澳大利亚。虽然我的名字里有个"熊"字，可我与那些体形庞大的熊类却没有一丝一毫的关系，这一点，大家只要看看我娇小的体形就明白了。

小时候，我就喜欢趴在妈妈的背上。不管妈妈上树，还是下地，我都不肯下来，因为待在妈妈背上我才感到安全！

我可是国宝

说起树袋熊这个名字可能有些人不知道，其实这只是我的中文学名，我另一个广为人知的名字是"考拉"，这下大家应该很熟悉了吧。我是一种澳大利亚独有的动物，因而被视为澳大利亚的国宝。

脆弱的我

可能是由于长期贪睡不锻炼，所以我身体非常脆弱，稍不留意就会感染各种疾病。而这些疾病，有时可能让我毙命。

我的样子

    其实，名字中带熊的动物，未必都是北极熊、黑熊那样的大块头，也可以是很娇小可爱的，比如我！虽然我天生就有一对招风大耳，并且上面长满绒毛，但两颗黑亮的小圆眼配上一个大黑鼻子，却让我憨态可掬、人见人爱！

我的鼻子有什么特点？

    我的黑鼻子可特别厉害！它能分辨出不同口味的桉树叶，哪些树叶能吃，哪些不能吃，我一闻便知。

    我随时随地都能睡着！这世上再没有比睡觉更舒服的事了，所以，即使抱着树干我也能呼呼大睡……

我就爱睡觉

    人家说，漂亮是睡出来的，所以我就特别爱睡觉。我敢说，这世上没有谁比我更能睡了。我主要生活在桉树上，有时，我一天能睡 20 个小时。在睡醒后，那自然就是吃我最爱吃的桉树叶喽！

北极熊

你们好！我就是刚才树袋熊提过的大块头北极熊，也叫白熊。我来自冰天雪地的北极世界。说我是大块头，一点儿也没错，我肩高1.5米，直立起来将近3米！这块头让我成为当今世界上最大的陆地食肉动物之一！

现在全球变暖，北极很多冰川都在融化，如果这一状况得不到遏制，未来我们可能就要生活在水里了！我可不想整日待在冰冷的水里！

北极霸主

在北极，我是名副其实的霸主！虽然北极地区的动物不像其他大陆那样多，但是也不算少。这里有海豹、海象、白鲸以及各种鱼类，我之所以对它们这么熟悉，是因为它们都是我捕猎的对象。

什么在威胁我

1. 季节狩猎
2. 集体捕杀
3. 环境污染
4. 冰川融化

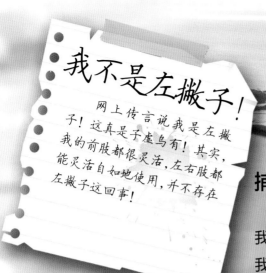

我不是左撇子！

网上传言说我是左撇子！这真是子虚乌有！其实，我的前肢都很灵活，左右肢都能灵活自如地使用，并不存在左撇子这回事！

全球变暖，不仅使我们的生存地在缩小，也使得我们的食物数量在不断锐减。

捕猎时刻

我体格大，食量也大。为填饱肚子，我得不停地捕食。通常，为节省力气，我会"守株待兔"。比如捕海豹，我会先找到海豹在冰面上的呼吸孔，然后一直等下去。一旦海豹露头，我会迅速扑上，一击命中。

无肉不欢

我是一个货真价实的肉食动物，我吃的食物98.5%都是肉类。在众多食物中，我最喜欢捕食海豹。有时，我也会捕食海象、白鲸等其他动物。如果运气太差，没有捕到猎物，我就只能吃之前剩下的腐肉了。

因为人类的捕杀和环境的恶化，我们的数量在不断地减少！现在，我希望人类不要再捕杀我们，希望我的孩子能无忧无虑地生活下去！

穿山甲

嗨！我在这里，我是穿山甲。因为我常常掘洞而居，打洞的速度犹如有"穿山之术"一样，再加上我一袭鳞甲，所以就被人们称作"穿山甲"。其实我只能打洞挖穴，绝对穿不了山！

铠甲武士

我最大的特征不是头小嘴尖、四肢粗短，而是这一身坚硬如铁的鳞甲。当我偶尔外出遇到危险时，我就将身子蜷缩成圆球，就算对方是狮子那样的猛兽，也会对我无法下口，只得一走了之。

我是山林卫士！
这可不是我自封的！这是科学家说的！科学家都说过很多次了，一片面积有23个足球场大的山林，只需一个我，就能让树木们免遭白蚁危害！我够牛吧！

白蚁是我最喜欢吃的食物。在山林中，凡是白蚁出没的地方，就会有我的身影。

在山林地带很容易找到蚂蚁，但是蚂蚁太小了，吃了半天也不能填饱肚子，所以我只能不停地找蚂蚁吃。嘿！又一只大蚂蚁！

昼伏夜出

我喜欢"宅"。白天，我就待在洞穴里，晚上我才出去活动。我时常在山麓地带和丘陵的灌丛中打洞挖穴，在这里有一个好处，就是地形隐蔽，不易暴露，因而我的活动也就显得有些神出鬼没了。

我也是明星

早在20世纪80年代，我就在家喻户晓的动画片《葫芦娃》中露过脸了。虽然只是个配角，但却是一个正面角色！

我吃什么

我也算是个肉食性动物，不过我的嘴太小，只能吃一些小昆虫。通常以白蚁为主，因为这些东西不仅好找，还可口美味，营养价值高。如果运气好，能碰上一个蚁窝，那我就能大吃一顿了。

食蚁兽

我也爱吃蚂蚁，我是食蚁兽！我来自遥远的拉丁美洲，生活在丛林密布的美洲热带雨林和沼泽地带，我整日东钻西窜，匆匆忙忙，四处追寻蚂蚁的踪迹，直到发现一处蚁穴，我才停住脚步，然后开始美美地大吃一顿。

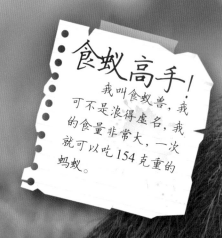

食蚁高手！

我叫食蚁兽，我可不是浪得虚名，我的食量非常大，一次就可以吃154克重的蚂蚁。

我们的家族

我可是一只大食蚁兽，是食蚁兽家族中体形最大的一个，直立起来，足有2米多高，但是我不能直立行走，不止我不能，侏食蚁兽和中、小食蚁兽也都不能直立行走。因此，平日里我们只能拖着长鼻子四处奔波。

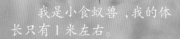

我是小食蚁兽，我的体长只有1米左右。

我的乐园

　　听说在热带雨林中，也有我们的家族成员，但我没有去过。我常生活在森林边缘地带，特别是沼泽和森林边上，那是我最喜欢去的地方，因为在那儿我常能找到许多蚁窝。

我为什么跛着走？

　　我步行时有些跛，这是因为我为了保护长爪子，在用指关节行走，所以我走起来一高一低，有些跛。

我虽然丑，但本领大

　　我的体形很奇特，尾部长有浓密的长毛，头小嘴巴长。虽然相貌不好看，但作为一个动物，本领强才是最关键的。你看，我的舌头就能很随意地快速伸缩，只要蚂蚁等小虫被它黏上，就休想逃走。

　　我嘴巴长，舌头更长！凭借着这根长舌头，我可以一下子黏住很多小蚂蚁，蚂蚁一旦被我的舌头黏住，就别想逃脱了！

玳　瑁

你们好啊！我从海里来，我是玳瑁，是海龟的一种。在陆上爬行可真累，拖着这样重的大壳一步一步地向前爬，真要了我的老命了，一点儿也不舒服，还是在海里自在些！

我的上颚钩曲尖锐，这是我有别于其他海龟明显的特征。

我来自海洋

我常生活在沿海的珊瑚礁和海湾地区，因为这里既便于捕食，又利于繁衍下一代。别看我在陆上走起路来慢慢腾腾（因为陆上不是我的天地），我一进入海中，就迅速无比，穿行如梭了。

海绵可是我的最爱！但由于常吃海绵，我的身上总带有一些海绵的气味！不过时间一长，我也就习惯了。

我的小档案

分类：爬行纲一龟鳖目
栖息地：海边
食物：鱼虾等软体动物
天敌：无

我可不好惹

不要以为只有虎鲸和大白鲨那样的海中巨兽才令人闻风丧胆，我也一样凶猛！别看我外表温顺，可海中那些鱼、虾、蟹等小动物一见我都是心惊胆战，因为它们一不小心就会被我吃掉。

我为什么牛？

在海洋中，很少有动物能像我这样总是一副横行无忌、肆无忌惮的样子。这一切都缘于我有一副坚实无比的甲壳，因为有壳，我变得没有什么主要天敌，因为没有谁能够咬破我的壳。

虽然我的四肢比较粗大，但这并不妨碍我在水里来去自由。

我也有毒！

由于我经常吃有毒的海绵和刺胞动物，所以体内蓄积了许多毒素，虽然这些毒素对我没有影响，但它们对人类来说却是致命的，所以不要捕杀我！

扬子鳄

我是扬子鳄！从外形上看，想必大家就能看出我是鳄鱼家族的成员。没错！我是世界上最小的鳄鱼品种之一，也是中国所特有的一种鳄鱼。因为我生活在长江流域的扬子江中，所以被称为"扬子鳄"。

我是"活化石"

听科学家们说，我是一种很古老的爬行动物，在我祖先生活的时代，还生活着很多恐龙。如今，恐龙早就没了，可我的种族还延续着。我们能在地球的沧桑巨变中存活下来，真是不容易啊！

每当夜幕降临时，也就是我就餐的时间，这时，我就会在江边捕食。

我晚上觅食

　　我生活在长江中下游地区的河岸边上。每当夜幕降临，我就会悄悄地从洞穴中钻出，开始在河边觅食。河里的鱼，河边的蛙、田螺、河蚌等都是我的食物。有时，我也会捕捉走失的家禽。

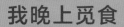

长不大的我

　　与一般的鳄鱼相比，我显得比较娇小，虽然我已经成年了，我的身子也只有1米多长。听妈妈说，我们扬子鳄最多也只能长到2米，之后就不再长了。所以，我们永远不会长到其他鳄鱼那样大。

　　别看我的外形凶恶，其实我是很温顺的，我从不主动攻击人类。白天我都会藏在洞里，到晚上才会出去觅食。

31

鹦鹉螺

嗨！我在这边的水里，我是鹦鹉螺。我探出头你们就能看清我的样子，你们看，我的身子被一个白色的螺旋形软壳包裹着，因为这个外壳就像一个鹦鹉嘴，所以人们称我为"鹦鹉螺"。

我是小不点儿

我身躯真的很娇小，虽然身上还有一个外壳，但也超不过 20 厘米。我听妈妈说过，我们家族中体形最大的有 26.8 厘米，一般有 16 厘米左右。别看我小，可我的大脑却很发达，与脊椎动物几乎不相上下。

别看我的外壳毫不起眼，它的构造却非常精密！人类就是受我外壳的启发，才发明了第一艘潜水艇！

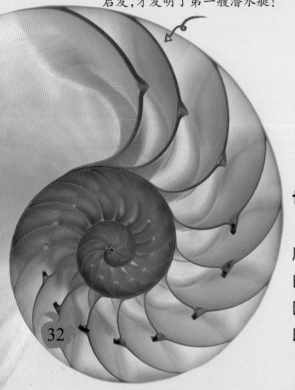

你知道"鹦鹉螺号"吗？

凡尔纳的小说《海底两万里》中，有一艘穿行海底的"鹦鹉螺号"；而世界上第一艘核潜艇也叫"鹦鹉螺号"。这些舰船之所以用我的名字命名，是因为它们的构造都受到了我体形构造的启发。

也是"夜猫子"

平日里，我都是在 100 米以下的水底活动，凭借腕部的力量缓慢地前行。白天，我喜欢附在岩石或珊瑚礁上歇息，因为我是"夜猫子"，晚上非常活跃，所以在白天我就得养好精神。

顶级掠食者

科学家说，在 4.8 亿年前的海洋里，我的祖先可是顶级掠食者，很多动物都是它们的口中食，你绝对想不到它们的身形竟有 11 米长！——这真是太不可思议了！

巨型鹦鹉螺曾是远古时代的海洋霸主！

还是"活化石"

别小看我，我可是地球的"老居民"了。早在 5 亿多年前，我们家族就遍布全球了！可是经过沧海桑田的变化，如今只有在印度洋和太平洋才能看到我们的身影……

别看我身躯小，我的捕猎本领却非常大！我有 60 或 90（雄性 60 雌性 90）个触手。捕猎时，这些触手就全伸展出来；休息时，它们全都缩进壳中，只留一两个在外面"放哨"。

白头海雕

大家好啊！很高兴看到你们，我叫白头海雕，是北美洲特有的物种，因此我也被人称为"美洲雕"。这也不算什么！其实最令我骄傲的是，我是美国的国鸟！

不捕猎时，我会静静地待在树杈上，欣赏一下四处的风光，但只要发现有猎物出没，我便会迅速出击，逮住猎物！

白头海雕日

在美国，有一个节日是专为我而设的，这就是"白头海雕日"。从1782年起，每年的 6 月 20 日就是"白头海雕日"。

我头戴白冠

我个头儿较大，听妈妈讲，我成年后体长能达到 1 米，翼展有 2 米多长。虽然我叫白头海雕，其实我不只是头白，我颈部和尾部的羽毛也是白色的，而身体其他部位的羽毛则全是暗褐色的。

鸟中"千里眼"

　　我视力非常好，即使再小的猎物我也能发现。别看我常翱翔在几百米的高空之上，其实地面上的风吹草动我都看得一清二楚。就算一只小田鼠，只要被我看到了，不到几秒钟，它就会被我叼在口中。

捕猎我最在行

　　我眉骨高突，外表凶猛。其实，我可不是靠外表来生存的。我双爪有8个足趾，其中6

个在前，2个在后。这些足趾锋利如刀，往往能刺穿猎物的内脏，猎物一旦被我勾住，必死无疑！

　　我的外形非常凶猛！金黄色的喙非常锐利，任何猎物一旦被我捕获，只要几分钟，就被我吃入肚中了！

信天翁

大家好，我是来自海上的信天翁，有时，人们也叫我"海鸳"或"信天公"。我一生与海洋相伴，我出生在海岛的岩壁上，成长在碧波浩渺的海上。在水天一色的大海上，我自由地生活着……

我的家族

在 20 世纪之前，我的家族可谓人丁兴旺，大家无拘无束的生活着。动物学家根据栖息地的不同将我的家族分为 14 种，如生活在南冰洋附近的漂泊信天翁，和生活在南美洲的皇信天翁等。

散落在大海上的孤岛是我的天堂，这里没有人类打搅，我可以和我的家人们自由自在地生活。另外，这里还有非常丰富的食物！

我濒危的原因
过度捕猎
误食垃圾而死
栖息地缩小

滑翔高手

很多鸟都会滑翔，但要问鸟类中谁最会滑翔，那我肯定榜上有名，并绝对名列前矛。在有风时，我能展开双翅在空中顺着风势停留好几个小时。如果需要逆风起飞，那我会通过助跑或从悬崖边缘起飞。

借着风势，在海风中滑翔可是我的拿手好戏！在风中滑翔，这种感觉真是妙不可言！

我不挑食

我可从不挑食，即使是腐肉我也照吃不误，但大多数情况下我还是喜欢吃鱼。我善飞能游，因此，我有时也会直接潜入水中捉鱼擒虾，或者捉几只乌贼、甲壳类动物换换口味。

我很善良

过去，海上的水手都非常迷信，他们认为我们是不幸葬身大海的水手变的，因此杀死我们就会有厄运降临。其实，这些都是迷信，毫无科学依据的。

金　雕

我是金雕，是北半球一种广为人知的猛禽。不管是在辽阔无际的荒漠草原地带，还是在群山吐翠的河谷地带，都有我雄健的身影飞过。因为我羽毛末端呈金黄色，所以人们叫我"金雕"。

猛禽之王

我以独特的外观和敏捷有力的飞行而闻名于世。我的翼展平均超过 2 米,体长可达 1 米多,腿爪上全都有羽毛覆盖。锐利有神的目光,匕首般足以致命的利爪,都显示出我的强壮和威慑力。

我羽毛末端呈金黄色,所以被人们称为"金雕"。当我静立枝头时,这些金黄色的末羽让我更有王者之相!

飞行高手

在上千米的高空中，我会利用上升热气流不断向上攀升，这样做可以节省很多体力。在高空之上，我用锐利的目光俯视着大地上的一切，任何猎物都不会从我的眼皮下逃开。

我的翼展超过2米，飞在高空中，我就是猛禽的代表！一旦猎物感到头顶有阴影笼罩，不用说，是我来了！

捕猎时刻

一旦某个猎物被我发现，就算它有三头六臂，也休想逃走。在捕猎时，我会收拢双翅，贴近地面快速飞行，然后以迅雷不及掩耳之势扑向猎物。只一瞬间，猎物就会被我制服。

一夫一妻的生活

只要我找到如意伴侣，我就会不离不弃，终生与它厮守。在我们家族中，大家的感情都比较专一，从未发生过移情别恋的事情。

白　鹳

你们好啊，我是白鹳，不是白鹤！常有人将我当成白鹤，这让我很无奈。你们看，我的样子与白鹤可一点儿都不一样。在欧洲，我被人当作一种吉祥的鸟，因为我有"送子鸟"之称。

大家都喜欢我

有一个传说，说我们白鹳在谁家屋顶造巢安家，谁家就会喜得贵子，全家安康。因此，在欧洲的乡村，人们都会在屋顶给我们留出一处平台，让我们安家！

吃饱喝足之后，我常喜欢静静地发会儿呆。这时，我就显得非常放松。你看，单腿直立，是不是显得非常悠闲？

我就是白鹳

我的样子很好认的。你们看，我的脖子比较粗，脖子下部有较长的白羽，而一张红嘴巴既长又粗。我的羽毛主要是雪白色，而翅膀上有黑色的羽毛。在我们家族中，不分雌雄，外形完全相同。

我生活的地方

我特别喜欢待在视野开阔的平原地带，或者是动物众多的草地和沼泽附近。有河流、湖泊或水塘的地方，对我来说简直就是世外桃源了，因为在这些地方常有我喜欢吃的蛙、蛇等美食。

在野外，我们常喜欢将窝安置在大树顶端或者险峻的山岩上。因为这里居高临下，不仅能随时发现四周的情况，还能避免被人发觉。

我不喜欢独处

我从小就跟家人生活在一起，我也特别喜欢这种生活。平日里，大家互帮互助，一起捕食，一起嬉戏玩耍，非常快乐。或许，有时你会看到我待在一处一动不动，那是我在思考呢！

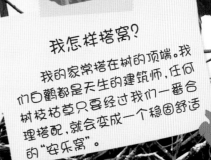

我怎样搭窝？

我的家常搭在树的顶端。我们白鹳都是天生的建筑师，任何树枝枯草只要经过我们一番合理搭配，就会变成一个稳固舒适的"安乐窝"。

41

听珍稀动物
讲故事

动物王国大探秘

听恐龙讲故事

李 航 主编

中国大地出版社
·北京·

图书在版编目（CIP）数据

听恐龙讲故事 / 李航主编. -- 北京： 中国大地出版社，
2020.5
　　（动物王国大探秘）
　　ISBN 978-7-5200-0516-6

　　Ⅰ．①听… Ⅱ．①李… Ⅲ．①恐龙－儿童读物 Ⅳ．
①Q915.864-49

中国版本图书馆 CIP 数据核字（2019）第 278105 号

DONGWU WANGGUO DA TANMI
TING KONGLONG JIANG GUSHI

责任编辑：张曌嫘
责任校对：李　玫
出版发行：中国大地出版社
社址邮编：北京市海淀区学院路 31 号，100083
咨询电话：（010）66554512
印　　刷：湖北鄂南新华印刷包装股份有限公司
开　　本：787mm × 1092mm　1/16
印　　张：24
字　　数：260 千字
版　　次：2020 年 5 月北京第 1 版
印　　次：2020 年 5 月武汉第 1 次印刷
书　　号：ISBN 978-7-5200-0516-6
定　　价：128.00 元（全 8 册）

前言

　　地球上各种各样的动物是孩子们十分感兴趣的。这些动物的样子千差万别，生活方式也不相同。鱼儿在水里游来游去，鸟儿在天空自由飞翔，凶猛的狮子、可爱的企鹅、勤劳的小蜜蜂……它们各有各的特点。它们平时的生活到底是什么样的？如果它们会说话，又会对我们说些什么？

　　在这套书里，我们就带领小朋友们一起走进不同动物的世界，以"听听动物怎么说"的形式，借动物自己的口，向小朋友们讲述不同动物生活中发生的种种趣事。快看吧！史前的恐龙、小小的昆虫、天上的鸟儿、水中的鱼儿……这些海洋动物、陆地动物、水边动物、珍稀动物已经齐齐上阵，准备好了要告诉你它们的秘密。还在等什么呢？快坐好，仔细聆听吧！

目录

霸王龙

大家好，我叫霸王龙，也有人称我为暴龙。我挺喜欢这个霸气的名字的，因为我是地球上出现过的最残暴、最凶狠的陆生肉食动物，确实实至名归。

巨无霸

没见过我的人，肯定觉得我在吹牛。我就大致给你们介绍一下我的长相。我身长超过14米，差不多有两层楼高。我还有一个约 1.5 米长的大脑袋和一张血盆大口。

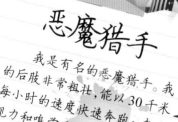

恶魔猎手

我是有名的恶魔猎手。我的后腿非常粗壮，能以 30 千米每小时的速度快速奔跑；我的视力和嗅觉非常灵敏，能准确发现目标。一旦确定捕猎对象，我就会迈开大腿，追逐猎物，然后张开血盆大口，死死咬住猎物，将其杀死。

让人胆寒的大嘴

只看个头儿,我确实不是很出众,但我的大嘴巴,一定会让人胆寒。我的嘴里布满了长达20厘米的巨齿,这些牙齿呈锯齿状,咬合力达到惊人的10 000千克,一口就能将小轿车的车顶咬开。

短小的前肢

有些同类嘲笑我,说我得了小儿麻痹症,前肢不仅短小,而且软弱无力。我觉得那些弱家伙太无知了。我的前肢之所以短小,是因我长期用大嘴捕猎,前肢根本不用出手,所以逐渐退化变小了。

我短小的前肢前伸不到嘴部,也无法摸到嘴,更无法接触到后肢和地面。

我也会饿肚子吗?

我是恐龙世界的霸主,也拥有精良的装备,但我有点儿懒惰,很少去捕猎。我经常四处乱转,去寻找死掉的恐龙尸体,有时也会抢夺其他恐龙的猎物,看上去有点儿靠运气吃饭,因此经常会饿肚子。

有用的大尾巴

　　除了大嘴和长腿，我还有一条大尾巴。这条尾巴太有用了。大家看我的身体结构，就知道我的身体重心在前面，有了大尾巴，我的身体就能保持平衡，不会在奔跑时摔倒。

我的大嘴非常有力，将猎物咬住后，只需左右用力一甩，猎物就会在顷刻间丧命。

我的小档案

分类：蜥臀目—兽脚类

体重：8 000~10 000 千克

食性：肉食性

分布区域：北美洲地区

3

特暴龙

我的眼睛分布在头颅两侧，因此不能直视前方，没有立体视觉。

我的兄弟霸王龙称霸了北美洲，而我则在亚洲呼风唤雨。要问我为什么如此嚣张，我会告诉你，因为我是亚洲最大的肉食恐龙，是这个地区最厉害的生物，处于食物链的顶端。

我的尾巴既长又重，可以平衡头部与胸部的重量，保持身体的平衡。

我长这个样

和我的好兄弟相比，我的块头稍微小了一点儿，但仍有 12 米长，4 米多高，和一辆双层公共汽车差不多高。还有，我的四肢继承了暴龙家族的"优良传统"——前肢短小，后肢粗壮。

最爱吃的食物	竞争对手
栉龙	鸵鸟龙
纳摩盖吐龙	单足龙
山东龙	蜥鸟龙

巨大颅骨

　　我最引以为傲的是，我拥有一个无以匹敌的巨大颅骨，虽然比霸王龙的略小，但长度也超过1.3米，而且大嘴里有60多颗巨大、锐利的牙齿，能轻松将猎物撕碎。因此，很多动物都十分惧怕我。

我的小档案

分类:蜥臀目—兽脚类
体重:3 000~7 500 千克
食性:肉食性
分布区域:中国、蒙古等亚
洲地区

头脑简单

　　有人说我四肢发达，头脑简单。对此我并不否认，因为我的脑容量只有180多立方厘米，和巨大的头颅、身体很不相称。虽然我很笨，但我凭本事闯出一片天地，而那些"聪明"的家伙却不得不在我的手下讨生活。

5

剑　龙

如果有一座小山从远处缓缓向你走来，你可不要惊慌，那是你遇到我了。我先自我介绍一下。我叫剑龙，是侏罗纪时期一种大型植食性恐龙，因背上长满了骨质剑板而得名。

行走的小山包

别看我身长约有 9 米，有一层楼高，就以为我的个头儿很大，其实在侏罗纪时期我只能算个小矮子。由于我的前肢比后肢短，因此走路时臀部高高拱起，远看就像一座会行走的小山包。

我的头部小而狭长，嘴巴前部象鸟喙，背上有两排剑板。

我不太聪明

我的脑袋又扁又小，大脑容量和狗的差不多。这样小的脑袋相对于我那庞大的身躯，显然不够用，所以最初人们认为我并不聪明，甚至认为我是最笨的恐龙。

身背剑板

最令人印象深刻的是我背上排列有两行大小不等的多角形骨质剑板，它们就像棘刺一样，保护着我的身体，使敌人不敢轻易伤害我。另外，它们还能帮助我调节身体温度。

秘密武器

有时候，一些穷凶极恶的家伙会伤害我。这时候，背上的剑板已经不能威慑它们了。幸好，我还有秘密武器——尾巴末端两对修长的骨刺。我会用骨刺抽打敌人，给敌人造成毁灭性伤害。

我吃什么呢？

别看我的外表十分凶悍，其实我是坚定的素食主义者。我常常出没于河湖附近的丛林中，这里不仅有充足的水源，还有充足的植物，我可以吃到苔藓、蕨类、木贼、苏铁、松柏与一些多汁的果实。

我用四足行走，其中前足有 5 个趾，后足有 3 个趾。

梁　龙

很多恐龙都说自己很大，可如果它们见到我，就会知道自己小得可怜。我不敢说自己的个头儿是恐龙中最大的，但我 27 米的身长，确实要比大多数恐龙都大得多。

我用尾巴和后腿将身子支撑起来，就能用前肢打击敌人。

我的生长速度	
一年	长到 4.5 米
三年	长到 9 米
五年	长到 15 米
成年	长到 27 米

我的前肢比后肢短，每只足上有 5 个趾，其中一个趾长着爪子。

8

长脖子与长尾巴

我的体形虽然巨大，但实际上脖子和尾巴占据了很大一部分身体长度。我的脖子又细又长，达到了 7.8 米，和两辆小轿车的长度相当。而我的尾巴更是长达 13.5 米，就像一个巨大的鞭子。

我没有想象中重

别看我长得大，但我的体重却不十分重，只有 10 000 多千克，远远比不上一些比我小的同伴。例如比我略小的马门溪龙，就比我重很多。这种差异主要是因为我的骨头是空心的。

没有威胁

当我还小的时候，这个世界充满了危险。可是我长大后，我仅凭借巨大的身体就能保护自己。而且我还有巨大的尾巴，前肢内侧还有巨大的弯爪，能将敌人打得头破血流。

我喜欢吃树叶

我喜欢和同伴组成一个小群体，然后一起外出觅食。鲜嫩多汁的树叶是我的最爱。进食时，我不会咀嚼，只需要将树叶从树上切割下来，然后直接将其吞进肚子里。

我的尾巴能在我用后脚站立时，帮助我支撑身体。

迷惑龙

我是侏罗纪晚期一种大型蜥脚类恐龙。和梁龙生活在同一时代和地区，身体比梁龙更粗壮，但个头儿没梁龙高，脖子也略短一些。

身体真大

我体形巨大，能长到26米长，32 000千克重，四肢很粗壮，前肢比后肢略短，身体后半部分比肩部要高。我的脖子和梁龙一样不太灵活，不能大幅度的弯曲或抬升。这时，我会用后肢支撑身体站立起来，把脖子伸得高高的，去啃食高处的嫩枝和嫩叶。

能发声的长尾巴

有时候，一些吃肉的大家伙会欺负我。在我避无可避之时，我会使劲挥动我的长尾巴，抽打它们，把它们赶走。当我挥动尾巴时，会发出巨大的声响，就像发射大炮似的。

我的小档案

分类：蜥臀目—蜥脚类
体重：20 000千克以上
食性：植食性
分布区域：北美洲地区

大胃王

　　我是名副其实的大胃王，每天会花大量的时间吃东西，而且总是狼吞虎咽的，吃得又快又多。为此，我总感觉有点儿消化不良，于是我不时地吞下一些小石头，帮助消化食物。

脑部会缺血

　　我的长脖子能让我吃到树梢上的嫩叶子，但它很不灵活，不能大幅度地弯曲或抬升。如果我把脖子使劲往高处抬，血液流到脑部的速度就更慢，我就会因为脑袋缺氧而晕倒。

11

板　龙

　　我是三叠纪时期真正的巨无霸，没有哪一种植食性恐龙比我更加庞大。在我出现之前，最大的植食性动物也仅仅和一头猪差不多大小，远远无法和我相提并论。

高大强壮

　　别看我其貌不扬，拥有比较小的头、比较长的脖子，行走的样子就像一辆板车，但我的身体十分结实，身长6~10米，直立时有3米高，是三叠纪时期最大的恐龙。

我的头部细长狭窄，口鼻部比较厚，上下颌长着许多小牙齿。

我的小档案

分类:蜥臀目—蜥脚类
体重:约 700 千克
食性:植食性
分布区域:欧洲西部地区

我是素食者

　　别看我长得又高又大,好像很凶猛,像吃肉的,但其实我十分温柔,最喜欢吃树上的嫩叶。在吃这方面,我的优势还是挺大的,毕竟没有谁比我更高了,因此树梢的美味被我独享了。

群体迁徙

　　平日里,我很少单独行动,大多数时候都是和小伙伴一起外出找食物。夏天,天气十分炎热,小水塘都干涸了,我们不得不穿过茫茫沙漠到河边去饮水。如果很不幸,我们没能走出沙漠只能集体死去。

我的眼睛朝向两侧,这样可以扩大视线范围,更快发现敌人。

我是如何消化食物的?

　　我进食时,一般不咀嚼,而是直接将食物吞进肚子里,这导致我常常消化不良。在我苦思冥想后,想到了一个好办法。我将一些小石头吞进肚子里,储存在胃里,它们就像碾磨机一样来回滚动,能将食物碾碎,帮助我消化。

13

美颌龙

在大家的脑海里，恐龙一直都是庞然大物。可你一旦见到我，就会颠覆恐龙在你心中固有的形象，因为我的体重只有 3 千克，站起来也只不过到人的膝盖，就像一只大火鸡。

我的模样

和那些大个子恐龙相比，我的体格小得可怜，模样也更加怪异。你给一只野鸡加上一条长尾巴，在它的嘴里添上一些牙齿，再把它翅膀的前端变成小指爪，大概就能窥见我的样子了。

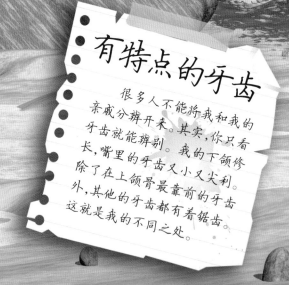

我纤细的体形很适合在浓密的植物丛林中穿行、追逐猎物。

最爱吃肉

别看我小就小瞧我，以为我是吃素的。其实，我最爱吃的是肉，例如蜥蜴和昆虫。曾经，有人在我的肚子里发现了一些细小骨骼，原以为是胚胎，后来证实那是一种蜥蜴。

有特点的牙齿

很多人不能将我和我的亲戚分辨开来。其实，你只看牙齿就能辨别。我的下颌修长，嘴里的牙齿又小又尖利。除了在上颌骨最靠前的牙齿外，其他的牙齿都有着锯齿。这就是我的不同之处。

14

我有什么独特的本领呢?

很多猎物见到我,就会拼命逃窜,甚至跑到树上躲避。这时,如果换做别的恐龙,肯定无能为力了,可是对我来说,这不是难题。因为我有爬树的独特本领。你看我的前肢,上面有3个利爪,其中两个可以弯曲,我就是靠它们爬树的。

跑得很快

那些美味的肉不会自己跑到我嘴里,需要我去追捕。这对我来说并非什么难事,因为我的身体非常轻巧,后肢又非常强健,能让我快速奔跑,还能让我突然加速,去捕捉跑得很快的小动物。

我的视力很好,有着敏锐的目光,能大大增强我的捕猎能力。

15

马门溪龙

我的名字叫马门溪龙，因为我是在一个叫"马鸣溪"的地方被人们发现的。那为什么不叫"马鸣溪龙"呢？那是因为命名我的人说话带着口音，他的同事把"马鸣溪"误听成了"马门溪"，后来就将错就错了。

我的脑袋非常小，像蛇一样，还没有我的一块颈椎骨大。

到了交配的季节，我会用尾巴和同伴互相抽打，来争取雌性的"芳心"。

我和天敌

永川龙：没我高大，有一个大头，满嘴匕首一样锋利的牙齿，总是追赶我，要吃我的肉。

我：因为我的体形实在太大了，跑不动，因而常遭受它的欺负。

我是大高个儿

我想你一定发现了，我长得十分高大，从头到尾大约有20多米长，身高将近10米，即使是在恐龙王国，比我高大的也没有几个。因此要把我庞大的身躯全部拍进照片里，可不是件容易的事！

脖子很长

都说长颈鹿的脖子长,可是它要和我比一定会输得很惨!我有世界上最长的脖子,有身体的一半那么长,能达到 12 米左右。我的脖子僵硬,而且太长了,因此转动起来有点儿缓慢。

我的小档案

分类:蜥臀目—蜥脚类
身长:22~30 米
食性:植食性
分布区域:中国

素食主义者

别看我长得这么大,看上去挺威猛的,其实我是个标准的素食主义者,最喜欢吃红杉树顶端新长出来的嫩枝嫩叶。别的恐龙别想和我抢这些美味,因为它们根本够不着。

17

三角龙

很多伙伴都很怕霸王龙，可是我对它没有丝毫忌惮。因为我有能够对抗它的本事。你们看我，是不是很强壮？还有那颈盾，是不是很大？还有头上的大角，是不是非常有威力？

3 只大角

我的头上长着 3 只大角，因此大家都叫我三角龙。这 3 只大角非常有特点，其中额头上的两只尖角有 1 米多长，第三只角从鼻后伸出，虽然较短，但非常厚重。谁一旦被大角刺中，非死即伤。

我的小档案

分类：鸟臀目—角龙类
身长：6~10 米
食性：植食性
分布区域：北美洲地区

我的体形是角龙类中较大的，看起来就像是长有皱边的放大版犀牛。

我的四肢非常粗壮，其中前足有 5 个趾，后足有 4 个趾。

显眼的头盾

除了大角，我的头盾也是非常显眼的。你看它是那样的美观，能够吸引异性的注意。当然了，它可不全是为了好看，它还能调节我的身体温度，也能吓唬想要打我主意的家伙。

我是如何进食的？

棕榈科与苏铁等植物是我最爱吃的食物。我的头部位置低矮，很难吃到高处的植被。为了不饿肚子，我常常像坦克一般冲撞树木，将其撞倒后，再用锋利的牙齿慢慢咀嚼树叶。

性情温和

不少人觉得我非常厉害，很可能经常恃强凌弱，到处欺负弱小。可实际上，我的性情十分温和，从不主动招惹谁。当然了，我也不怕谁。谁一旦招惹了我，我也会毫不客气地还击。

19

牛角龙

我的脖子上长有巨大的骨质头盾。头盾上有洞孔和两个中空的开口。

　　我们牛角龙个头儿不大，性格又好，因此常受欺负。可是，我们并不逆来顺受。遇到敌人时，我们先摇晃脑袋吓唬对方，如果对方不识趣，我们就叉开前腿，低下大脑袋，奋力向前冲刺。

我不聪明

　　我一直以为我是最聪明的恐龙，因为我的头骨是有史以来陆地动物中最大的，有 2.5 米长，是人类头骨的 13 倍左右。直到我知道我的脑容量只有橘子般大小，才知道我并不聪明。

我的眼睛上方有两只巨大的尖角，嘴巴上方还有一只小角。

我是如何交"女朋友"的？

　　交"女朋友"是我一生中的头等大事。因此，在繁殖季节，我会让我硕大的头盾充满血液，让它的颜色变得十分鲜艳。异性看到以后，会被深深地吸引，欣然地和我组成一个小家庭，生儿育女，共同生活。

我很勇敢

虽然我并不聪明，但我非常勇敢，敢和最庞大的肉食恐龙较量。当然了，这并不是不自量力。首先，我的身体十分强壮，拥有硕大的头盾和尖角；其次，我的战斗经验充足，而且一般不单独御敌。

我们很团结

我们牛角龙非常团结，尤其是有敌人想要攻击我们的后代的时候。如果有敌人来犯，我们群体中的雄性会自发地把角冲向外边，围成一个大圈，将小龙保护在中央，让敌人无计可施。

我爱吃的食物
1.蕨类
2.苏铁
3.针叶树

腕　龙

今天我挺高兴的，因为我成功加入了陆地上最大的动物俱乐部。别小瞧这个俱乐部，它里面的成员全都是真正的"大家伙"，比如说我，我有 25 米长，约 13 米高。

脖子好长

很多人第一次见到我，总会议论说：你看那腕龙，脖子好长呀，跟长颈鹿似的。虽然我不太喜欢别人议论我，但我的脖子确实跟长颈鹿很像，而且更长，长度约有 10 米，能高高抬起。

我的小档案

分类：蜥臀目—蜥脚类
体重：30 000 千克
食性：植食性
分布区域：北美洲地区

我每天在森林里行走，并不是为了散心，而是在寻找美味的食物。

向后倾斜的身体

我虽然有像长颈鹿一样的长脖子，却没有它的大长腿，而且我的腿还长短不齐。你可能发现了，我的前腿比后腿长，这使我的身体看起来向后倾斜，有点儿像小朋友玩的滑梯。

我的长脖子给我的行动带来很多不便，但能让我吃到高处的树叶。

食量惊人

我一直以"淑女"的形象示人，但一旦大家知道我的食量，这个形象恐怕就要毁掉了。我每天要吃 1 500 千克的食物。这个食量大概是大象食量的 10 倍吧！

遇到敌人我该怎么办？

我喜欢在水边生活，这里不仅有丰富的食物，还是我的避难所。因为我太重了，行动很不方便，一旦有肉食性恐龙袭击我，我很难逃走。但是我可以迅速移到深水处，只露出脑袋，让敌人无计可施。

23

棘　龙

在白垩纪中晚期的非洲大陆,我绝对是真正的王者,但是我不像霸王龙那样张扬,因此知道我的人并不多。我先自我介绍一下,我叫棘龙,是一种极其凶猛的肉食性恐龙。

高大威猛

一些人可能觉得我在自我吹嘘,但如果你见到我,你就会收起这样的想法。你看,我身长有12~18米,体重超过10 000千克,背部的长棘更是让我看起来高大威猛。

我很厉害的

有人又说了:长得高大就一定厉害吗?仔细看,你就会发现,我的体形和霸王龙相似,但我的前肢更长,更加有力,而且上面还有大爪子,能帮助狩猎、打击敌人。仅凭这一点,我就比霸王龙强。

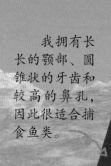

我拥有长长的颈部、圆锥状的牙齿和较高的鼻孔,因此很适合捕食鱼类。

背上长棘的恐龙

棘龙　阿马加龙　　高棘龙　　似鳄龙　　鱼猎龙　　豪勇龙

我的背部有长达 1 米的棘刺,上面还覆盖着表皮,就像一艘小船扬着的帆。

我的小档案

分类:蜥臀目—兽脚类

身高:4.5 米左右

食性:肉食性

分布区域:非洲地区

我的食物

我从不怀疑自己的能力,但我也会运用小智慧来捕食。比如,旱季时,河水干涸,是我捕食鱼类、鳄鱼的最佳时机;而在雨季,河水暴涨,我会回到岸上,捕食其他中小型的猎物。

伶盗龙

我叫伶盗龙，人们之所以这样称呼我，是因为他们认为我是奔跑迅速的盗贼。可实际上，我既不偷东西，奔跑速度也不快，这一切都是人们胡乱猜想造成的误会。

我的形象

如果你不相信我的话，就仔细看看我。我只有 1 米多长，体重只有约 15 千克，和一只雄性火鸡差不多大，而且我还是个小短腿。就我这样的形象怎么偷东西！怎么跑得过别的恐龙！

我是如何捕猎的
1. 追赶猎物。
2. 用前肢勾住猎物。
3. 将后肢上的大爪子快速扎进猎物的腹部。
4. 用利齿撕咬猎物的脖子，将其杀死。

我后肢上长约 8 厘米的镰刀形爪子，能像鹰爪一样抓小动物。

身上长羽毛

对了，我还要澄清一件事：我的身上没长鳞片，而是覆盖着一层羽毛。这些羽毛很漂亮，也能在寒冷的冬季为我保温，但却不能让我飞起来，这确实是有一点儿遗憾。

能力强

我虽然长得小，但我能力强，最爱捕捉小蜥蜴、小型哺乳动物或小恐龙吃。你别以为我在吹牛。你看我的嘴，里面可有20多颗锋利的牙齿；再看我后肢上的大爪子，能戳穿猎物的身体。

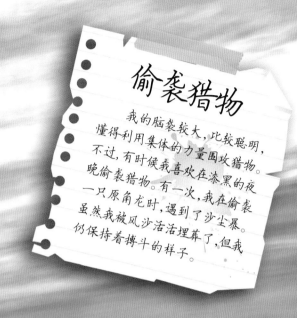

偷袭猎物

我的脑袋较大，比较聪明，懂得利用集体的力量围攻猎物。不过，有时候我喜欢在漆黑的夜晚偷袭猎物。有一次，我在偷袭一只原角龙时，遇到了沙尘暴。虽然我被风沙活活埋葬了，但我仍保持着搏斗的样子。

我有一条细长的尾巴，它能让我在快速奔跑时保持身体平衡并灵活地转向。

27

食肉牛龙

有一些朋友看见我的头部长有一对翼状尖角，样子和牛很像，就以为我是牛的亲戚。在此我要声明一下，我是凶猛的肉食性恐龙，和忠厚老实的牛没有半点儿关系。

头上的短角

我头上的"角"虽然和牛角很相似，也是骨质的，也很坚硬，但实在太短了，远不如三角龙的大角那样霸气，因此无法作为攻击武器。其实，它只是我用来炫耀或者吓唬敌人的装饰品而已。

巨型猎食者

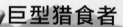

有朋友要问了：你没有大角，那你是如何称霸的呢？你只要看看我的体形就知道了。我有 7~8 米长，3 米多高，肌肉十分发达，后肢强健得不可思议。另外，我还拥有 4 厘米长的锋利牙齿和发达的嗅觉器官。

我也有弱点

我的装备虽然精良，但也有弱点。我张开嘴，你就会发现我的牙齿有点儿细长，比较脆弱，咬住猎物时，牙齿无法承受大型猎物的反复挣扎。也因为如此，我不会死死咬住猎物，而是反复撕咬猎物的脖子，直到猎物因失血过多而死。

我的体表是什么样子？

很多人都猜想我的体表是什么样的，是光滑的表皮，还是长满了鳞片？我现在告诉你，我的身上长满了圆形鳞片。最有力的证据就是，人们发现了一块我的皮肤化石，上面圆形鳞片的痕迹清晰可见。

我的后肢粗壮，但前肢非常短小，而且我的头较高，因此需要一条巨大的尾巴来保持平衡。

我生活的地方雨水充足，气候适宜，动植物种类繁多，可以为我提供充足的食物。

咬合力大比拼

蛮龙	15 000 千克
艾伯塔龙	8 000 千克
霸王龙	10 000 千克
食肉牛龙	1 600 千克

戟　龙

大家都叫我戟龙，只因为我脖子上像盔甲一样的颈盾边缘还有一圈骨刺，看起来就像古代战将背后插的画戟。这个颈盾非常有用，既是我醒目的标志，又能保护我的脖子。

主要家族成员
埃布尔达戟龙
卵圆戟龙
帕克氏戟龙

我的四肢有点儿粗短，身体很笨重，因此行走比较缓慢。

30

团结友爱

我们戟龙喜欢组成一个大家庭，一起外出找食物。如果有敌人来犯，家族中的长辈就会挺身而出，围成一个圆圈，把小家伙们保护起来，然后再出击，共同对付敌人。

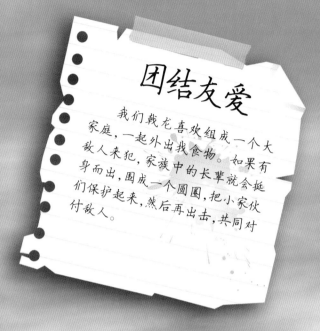

我的大型头盾有助于增加身体的表面积，利于调节体温，如同大象的耳朵。

我的样子

大家有没有觉得我有点儿眼熟？其实，我和我们角龙家族的大明星三角龙并没有太大的区别，只是个子稍微小一点儿。我也有一个大头，头上也有几只大角，而且四肢也十分强壮。

我很厉害的

别因为我性格温顺，就认为我好欺负。我要凶起来，连霸王龙都有点儿怕。我会用鼻子上的大角狠狠地刺向敌人的身体，刺透它们的皮肉，在它们身上留个大窟窿。

"画戟"的用处

我的"画戟"看起来很威武，其实它只是个花架子，并不是什么有力武器，只能用来吓人。不过，在我找女朋友的时候，它能派上大用场，能吸引异性的注意，获取它们的芳心。

31

似鳄龙

　　大家看我是不是和鳄鱼很像？我身材魁梧，头部狭长，嘴里面长满了圆锥形牙齿。正因为如此，人们给我起了"似鳄龙"的名字，意思是"鳄鱼模仿者"。

"职业渔夫"

　　我是当之无愧的"职业渔夫"，因为我非常擅长捕捉在水中游动的鱼。我会静静地站在水里，等待鱼出现。一旦发现目标，我就会张开长嘴巴，将鱼儿捉住。

弯弯的牙齿

我身躯庞大,有大约12米长,长着巨大的背脊,但最让我自豪的是我细长的嘴巴。我的嘴里长着100多颗向后弯曲的尖牙,上下牙齿可以紧紧地合上,就像耙子的齿一样,死死地将猎物咬住。

我的小档案

分类:蜥臀目—兽脚类

体重:7 000千克

食性:肉食性

分布区域:非洲地区

秘密武器

除了长嘴,我还有另一个秘密武器,那就是我前肢上巨大的拇指利爪。它长约 30 厘米,像一把镰刀,尖端十分锐利,能轻易勾起 1 米左右的大鱼。另外,它还能抵御掠食者。

我的前肢上长着3根爪,一对大拇指上长着镰刀一样锋利的爪。

谁和我长得像?

我和小伙伴重爪龙长得非常像。你看,我们都有强壮的前肢,都长着3趾,都有巨大的镰刀状拇指利爪,甚至连嘴都长得差不多,除了我的个头儿大一点儿以外,简直没有差别。也因此,有人说重爪龙是没长大的我。

双冠龙

虽然你不认识我，但你可以猜猜我的名字。如果你因为看我头上长着一对新月形的骨冠，就猜出我叫双冠龙，那就说明你真的非常聪明，也说明你和我有缘，会成为好朋友。

个头儿不大

现在我们俩还不太熟悉，那我就先介绍一下自己。我身长约6米，高约2.4米，体重约500千克，是一种肉食性恐龙，虽然我看起来比你大很多，但和我的大块头同伴们相比，我的个头儿小多了。

我的家族成员
月面谷双冠龙
奇特双冠龙
中国双冠龙

头上的双冠

见过我的，都觉得我头上的一对头冠很特别。不过，你不要以为我的头冠像三角龙的大角一样是用来打架的，实际上，它很薄很脆，不能用来打斗，只能让我看起来更帅气一点儿。

34

我的美餐

　　虽然我是恐龙中的小不点儿，但我却是捕食"小能手"，经常捕杀一些大个子植食性恐龙或者蜥蜴等小动物。当然了，如果运气不佳，找不到猎物，我也会吃一些腐肉，就像秃鹫一样。

我是大明星

　　我可是电影大明星，很多电影中都有我的身影。在电影《侏罗纪公园》中，就充分展示了我的独特技能：我能够像喷毒眼镜蛇一样喷射出毒液，使猎物失去知觉。

奔跑时，我会将前肢收起来，以保持身体平衡。

萨尔塔龙

　　最近和一些旅行归来的伙伴交流后，我心中有了很多感慨和庆幸。感慨的是，很多和我一样长着长脖子的恐龙在北美洲都灭绝了。庆幸的是，在南美洲这块乐土上，我又逍遥地生活了很久。

缩小版的梁龙

　　我叫萨尔塔龙，是一种蜥脚类恐龙，但我和别的同类相比，要小很多。虽然我也拥有长脖子、小脑袋、长尾巴、短粗的四肢，但我只有大约 12 米长，就像缩小版的梁龙。

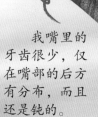

我嘴里的牙齿很少，仅在嘴部的后方有分布，而且还是钝的。

成功迁徙

　　其实，我的祖先原先生活在北美洲，但不知为什么，它们来到了南美洲生活，而且还在这里扎下了根。后来没有离开北美洲的蜥脚类伙伴灭绝了，据说是没能竞争过别的恐龙。

我是如何吃高处的嫩叶的？

　　树梢上的嫩叶对我来说有点儿高，不过我有好办法。我可以抬起前肢，用后肢站立，然后把尾巴当作第三支撑点，这样就可以吃到树梢的叶子了。除此之外，我的尾巴还能像鞭子一样抽打来犯的敌人。

防御武器

　　虽然我的亲戚在北美洲败落了，但我在南美洲为家族挽回了颜面。在这里，我生活得很逍遥，想吃嫩叶就吃嫩叶，不用担心被袭击。因为我身上的数百枚骨甲，是厉害的防御武器。

我的小档案

分类：蜥臀目—蜥脚类

身高：约 3 米

食性：植食性

分布区域：南美洲地区

犹他盗龙

前面的萨尔塔龙也说了，它在北美洲的很多家族成员都被赶尽杀绝了。其中，我就是始作俑者之一。我叫犹他盗龙，来自美国犹他州。我的脾气很不好，常常欺负植食性恐龙。

我的样子

其实我的样子并没有什么特别之处，和驰龙长得很像，体形不大，身长只有5~7米，体重较轻，最重只有600千克左右，和一头灰熊类似，但我十分强健，特别是后腿，肌肉十分发达。

速度大比拼
犹他盗龙 50 千米/时
禽龙 24 千米/时
艾伯塔龙 20 千米/时
南方巨兽龙 14 千米/时

我的嘴里有两排剃刀状牙齿，每一颗大约5厘米长。

秘密武器

仅凭我瘦小的身体，要捕捉较大的猎物是不现实的。但我有秘密武器。你看我的趾爪厉害不？它可有20多厘米长，而且十分锋利，轻轻一下就能划开别的动物的皮肉。

可能有羽毛

古生物学家认为我和驰龙有亲缘关系，而驰龙类身上可能长有羽毛，因此他们认为我身上也长有羽毛。但他们并没有找到直接证据。当然，我可以告诉人们答案，但我为了保持神秘性，还是不说了。

我的体重较轻，但后腿健壮，所以可以快速地奔跑、跳跃，攻击猎物

长尾巴平衡能力好

对人类来说，跌倒受到的伤害很小，但对我来说，那可能意味着失去了生存的能力。幸好，我有一条长长的、水平的尾巴，能让我在急转弯时，保持身体平衡，以免跌倒。

39

恐爪龙

没见过我的人可能永远也不知道我的厉害。这么说吧，那些体积硕大的植食性恐龙见到我，都会瑟瑟发抖，远远地躲开，因为它们一点儿也不想体验被我的大爪子抓伤的痛苦。

我的前后肢都长有非常尖锐的爪子，能将猎物开膛破肚。

我的牙齿向后弯曲，不能切割猎物，但可以撕咬下很大块的肉。

恐怖的利爪

人们说我是恐龙时代最厉害的爪子杀手。其实，这一点儿也不夸张。我的爪子非常恐怖，它长达 15 厘米，像一把锋利的镰刀，能瞬间撕开猎物的皮肤，将其开膛破肚。

我是如何保持身体平衡的？

我在崎岖的山路上奔跑，是很容易摔倒的。幸好，我有一条大尾巴。这条尾巴很独特，末端有一个骨棒，相当硬，就像一个平衡锤，使我的身体保持平衡，让我在奔跑时不会左右摇晃，跌跌撞撞。

快如疾风

除了利爪，很多恐龙还很忌惮我的速度。我的体形并不大，只有约3米长，但我的身体非常轻巧健壮，尤其是那一双修长的大腿十分有力，让我跑起来快如疾风。

群攻合围

虽然我能力超群，很多猎物也都怕我。但我并不经常单干，而是像今天的狼一样采用群攻战术，围捕猎物。我们不停地骚扰猎物，使它们疲惫不堪，然后趁机合围，再用大爪给猎物致命一击。

我很聪明的

我很自豪，我有一个大大的脑袋，脑容量比较大，因此我智商很高，足以与鸟类和哺乳类相比。虽然我的脑袋很大，但不会影响我奔跑，因为头骨上有很多孔洞，减轻了脑袋的重量。

41

听恐龙讲故事

动物王国大探秘

听鸟类讲故事

李 航 主编

中国大地出版社
·北京·

图书在版编目（CIP）数据

听鸟类讲故事/李航主编. -- 北京：中国大地出版社，2020.5

（动物王国大探秘）

ISBN 978-7-5200-0516-6

Ⅰ．①听… Ⅱ．①李… Ⅲ．①鸟类—儿童读物 Ⅳ．①Q959.7-49

中国版本图书馆 CIP 数据核字（2019）第 278092 号

DONGWU WANGGUO DA TANMI
TING NIAOLEI JIANG GUSHI

责任编辑：张曌嫘
责任校对：李　玫
出版发行：中国大地出版社
社址邮编：北京市海淀区学院路 31 号，100083
咨询电话：（010）66554512
印　　刷：湖北鄂南新华印刷包装股份有限公司
开　　本：787mm × 1092mm　1/16
印　　张：24
字　　数：260 千字
版　　次：2020 年 5 月北京第 1 版
印　　次：2020 年 5 月武汉第 1 次印刷
书　　号：ISBN 978-7-5200-0516-6
定　　价：128.00 元（全 8 册）

前言

　　地球上各种各样的动物是孩子们十分感兴趣的。这些动物的样子千差万别，生活方式也不相同。鱼儿在水里游来游去，鸟儿在天空自由飞翔，凶猛的狮子、可爱的企鹅、勤劳的小蜜蜂……它们各有各的特点。它们平时的生活到底是什么样的？如果它们会说话，又会对我们说些什么？

　　在这套书里，我们就带领小朋友们一起走进不同动物的世界，以"听听动物怎么说"的形式，借动物自己的口，向小朋友们讲述不同动物生活中发生的种种趣事。快看吧！史前的恐龙、小小的昆虫、天上的鸟儿、水中的鱼儿……这些海洋动物、陆地动物、水边动物、珍稀动物已经齐齐上阵，准备好了要告诉你它们的秘密。还在等什么呢？快坐好，仔细聆听吧！

目录

北极燕鸥

你可能听说过我，但估计没见过我，因为我只在南极和北极生活。现在，北半球的夏天结束了，北极很快就会进入冬季，所以我要赶紧搬家到南极去。

嘴和脚是火红色的，尾巴像剪刀，头上戴着黑色的小"帽"，这就是美丽的我。

在南极过冬

经过 3 个多月的长途飞行，我和伙伴们到达了南极。现在是南极的夏天，我将在这里无忧无虑地生活 4 个月，每天都有美味的南极磷虾和鱼吃，真幸福。

我的翅膀又窄又长,它们非常有力,能让我轻松地随风飞行。

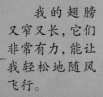

妈妈给我的建议
1.不要离开鸟群。
2.要团结一致,对付天敌。
3.勇敢,向身边的长辈学习。
4.不要在四周有海冰的岛上筑巢。

回北极生宝宝

　　两个月前,我们从南极启程,用最快的速度飞回了北极。我激动又急切,因为这是我第一次生宝宝,我要和伴侣一起做一个温暖的窝,然后生蛋、孵蛋。

宝宝出生几天了,它们的嘴是粉红色的,羽毛软软的,毛绒绒的一团,非常可爱。

2

警惕天敌

在照顾宝宝的时候，我必须非常小心谨慎，因为一些凶猛的食肉鸟会来袭击我的宝宝。不过我们北极燕鸥会团结起来，勇敢地抵御天敌的袭击。

北极狐也是要注意的对象，它们会顺着海冰到岛上来偷袭我的孩子。

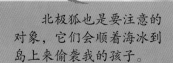

超长的旅途！

为了节省体力，我迁徙的时候喜欢顺风飞，所以迁徙的路程比南北两极的直线距离多出约1倍，来回一趟的路程超过40 000千米。而我一生中迁徙过的路程是够往返月球3趟，没有什么鸟能比我迁徙的路程更长了！

再次往南飞

又一个夏天结束了，我的孩子已经学会了飞行，它们将要跟着我搬家到南极去了。我会先带它们飞到北太平洋待一个月，让它们吃饱喝足了再往南极去。

3

海　鸥

　　只要是生活在海边或是到海边玩耍过的人，就一定见过我。我是水手的好朋友——海鸥，我经常在海边飞来飞去，有时钻到海中捕鱼吃，有时站在海边的礁石上梳理羽毛。

跟着轮船飞

　　我很喜欢轮船，你经常能见到我跟着轮船飞，因为这个"大家伙"在海上航行的时候，四周会产生一股风，只要乘着这股风，我就能毫不费力地飞行。

我的小档案

分类：鸟纲—鸻形目
栖息地：温带和热带海边
食物：鱼、虾、软体动物
天敌：海雕

我长了一身纯白的羽毛，只有翅膀是灰色的，不过在冬天的时候，我头上会长些褐色的斑点。

会预测天气

　　我天生就对天气很敏感，能预测未来的天气变化。如果感觉暴风雨要来了，不管我离海边有多远，都会赶紧飞回海边，和同伴们一起躲在岩石缝里躲避暴风雨。

我喜欢和同伴们成群结队地捕食，吃饱了就停在海边的礁石上休息、梳理羽毛。

安全警报

　　在海上飞累了休息的时候，我喜欢降落在浅滩或暗礁上，通常我都会遇到吵吵闹闹的同伴。我们的吵闹声是安全警报，会提醒有经验的水手不要撞上暗礁。

我的爸爸妈妈

　　我学飞前：辛苦地捕食，喂养我和我的兄弟姐妹，让我们长出丰满的羽毛。
　　我学飞时：为了让我们独立生活，不管我和兄弟姐妹们多害怕，依然严酷地逼我们跳下悬崖，学习飞行。

5

军舰鸟

在每年的二月和三月，如果你在海边看到了一种胸前戴着一个鲜红色"气球"的鸟，那就是见到了我。我是军舰鸟，是世界上飞行速度最快的鸟类之一。

独特的求偶方式

我胸前的红色"气球"其实是我的喉囊，平时是收起来的。在求偶的时候，我会大口吸气，让喉囊鼓起来，然后挺起胸膛，张开翅膀展示喉囊，去吸引雌性的注意。

当我鼓起喉囊，你从正面看，它就像是一颗红色的爱心。

我的身体瘦小，翅膀却非常大，所以我能张开翅膀在海上不停地飞一个星期。

我的飞行技术
速度可达 111 米/秒
能自由灵活地翻转
能不停地飞 1 600 多千米
能在 12 级台风中飞行
飞行高度达 1 200 米

飞行高手

不是我自夸，我是飞行技术最好的鸟类之一，鸟类飞行高手说的就是我。我不仅飞得快，还有超高的飞行技巧，即使在掀起巨浪的狂风中，我也能安全地飞行。

父亲对我说

1. 与妻子一起筑巢。
2. 保护妻子，与妻子轮流孵卵。
3. 孵蛋约 41 天，宝宝破壳。
4. 与妻子一起喂养宝宝，保护宝宝。
5. 约 6 个月后，教羽翼丰满的宝宝飞行。

这是蓝脚鲣鸟，我经常抢它的食物，不过晚上我们又经常挤在一起休息。

抢夺食物

我有致命的缺陷，就是腿太短太细，也没有脚蹼，羽毛还不防水，所以我不能到海中游泳、捕食。为了填饱肚子，我只能运用高超的飞行技能去抢夺海鸥和鲣鸟的食物。

鸵　鸟

大家好,我是鸵鸟。对,你没看错,虽然我长得和你们常见的鸟不太一样,但我也是鸟,我也有翅膀,翅膀还不小,只是它们已经退化,不能让我飞起来了。

最大的鸟

我有2米多高,是名副其实的大个子,没有什么鸟能比我更高大。有这样大而重的身体,我自然就不能像其他鸟那样自由飞翔。

你想不到的事
1. 我的翅膀上长着爪子。
2. 我一步可以跨8米。
3. 我的一个蛋约等于30个鸡蛋的重量。
4. 我的蛋壳约2毫米厚。

我有一双大大的眼睛,还有浓密的长睫毛,睫毛能帮我抵挡风沙,避免大风把沙子吹到眼睛里。

我遇到危险时会把头埋到沙子里?

这是个天大的误会!你想想,我的奔跑能力很强,遇到危险的第一反应肯定是赶紧逃跑,就算来不及也会尽快伪装自己。再说了,把头埋到沙子里我就闷死了啊,我才不会这么做呢!

奔跑能力强

虽然我不会飞，但我很能跑。我的腿很长很健壮，一步就能跨很远。当我全力奔跑的时候，速度能达到每秒18米，你们人类的世界短跑冠军都跑不过我。

看我的脚，别看只有两个脚趾，它可是非常坚硬有力的，连狮子都害怕我的后踢脚。

我生活在非洲草原上，这里白天很热，夜晚很冷，幸好我的羽毛不仅能保暖还能隔热。

伪装成灌木丛

我的长脖子光秃秃的，这方便我伪装自己。当我遇到危险来不及逃走的时候，就会蹲下来将脖子平贴在地上，让自己看起来像是沙漠里的一片灌木丛。

鹰

嘿，小朋友！你在天空中看到过独自盘旋的大鸟吗？那可能就是我，人们称我为鹰。其实我很少在高空中盘旋，大多数时间都躲在树林里，所以你应该很少见到我。

独享领地

我总是独来独往，因为我喜欢独享领地中的食物，不喜欢和其他的鹰分享。只有在准备养育孩子的时候，我才会和另一只鹰相处一段时间。

看我的翅膀，是不是很宽大？它可是我的飞行法宝！

我的视力是人类的六七倍，你想不想有我这样的好视力？

宝宝观察日记	
孵卵 35 天	宝宝出壳了，身披白色绒羽
出壳 19 天	宝宝会行走了，身上长出了羽毛
出壳 27 天	宝宝会自己撕碎食物，羽毛变得丰满
出壳 34 天	宝宝学会了飞翔，离巢独自生活去了

这是我的爪，它既强劲又尖利，可以很快杀死猎物，不让猎物感受到痛苦。

我爱吃肉

我经常抓野兔、野鸡、老鼠或蛇来吃，它们的肉都非常美味。不过我不会到地面去寻找它们，而是站在高高的树枝上用眼睛搜寻它们，一旦发现猎物就猛然俯冲下来，把猎物抓走吃掉。

在树林里穿梭

我的翅膀宽宽的、圆圆的，这样的翅膀不仅能让我在空中翱翔，也能让我在树林中灵活地穿梭，所以被我盯上的猎物很难逃过我的追捕。

我为什么要吐食丸？

虽然我的胃肠发达，消化能力很强，但是动物的骨骼、牙齿和毛，这些坚韧的东西我还是消化不了，因此我只能将这些消化不掉的东西在胃里团成团，然后吐出来，这个团子就是食丸。

游　隼

　　我是一只凶猛、勇敢、爱吃肉的游隼。有人给我起了个绰号叫"空中子弹"，因为我的俯冲速度像射出的子弹一样快，只要猎物被我瞄准了，它就很难再逃脱。

快速俯冲

　　我喜欢在空中捕食野鸭、乌鸦、鸽子等飞鸟，因此我必须要有很快的飞行速度，快到让我的猎物反应不过来。在所有飞行技巧中，俯冲是最快的，所以我练出了独一无二的俯冲技能。

平时我展翅飞翔，当瞄准猎物，准备俯冲时，就会收起翅膀，让自己像子弹一样飞行。

人们请我来帮忙

听说人们的飞机最害怕的东西是鸟，因为飞行中的飞机一旦和鸟相撞，就会被毁坏，甚至造成严重事故，然而在机场附近总是生活着很多鸟。聪明的人们发现鸟儿都很害怕我，于是就请我住到机场去，帮他们赶走其他的鸟。

快！准！狠！

　　一旦确定捕猎目标,我就会迅速飞到猎物的上空,然后收起翅膀猛然俯冲下来抓住猎物,一边咬住猎物的脖子,一边用脚狠狠地踹猎物,让猎物受伤坠落,这个过程必须要快准狠!

我爪很锋利,可以轻松地穿透猎物的皮肤,使猎物受伤。

我的别名
花梨鹰
鸽虎
鸭虎
青燕

可怕的农药

　　没有什么动物敢袭击我,但我非常害怕人类播撒的农药。因为很多吃谷物的鸟身体里有农药,我吃了它们就会中毒,而且还会毒害到我的孩子。

13

秃鹫

你好，我是秃鹫，我肚子有些饿，正在寻找食物。你别看我长得凶，其实我不怎么主动去捕食活的动物，而是喜欢吃那些已经死掉的动物，所以有人称我为"大自然的清洁工"。

我脖子上有一圈羽毛，它就像是你们人类用的餐巾一样，可以防止我在吃东西的时候弄脏身上的羽毛。

不劳而获

大自然中几乎每天都会有动物死去，我不用辛苦地捕猎，就能够获得食物。因此，只要能找到死去的动物，我就不会主动去捕食。

我的小档案

分类：鸟纲—隼形目
栖息地：温带荒原和草地
食物：动物尸体
天敌：无

14

谨慎观察

虽然是不劳而获，但我还是很小心谨慎的。当我发现有动物孤零零地躺在地上时，首先做的事是观察，大型动物至少要观察两天，直到确认它是真的死了，我才会去吃掉它。

我的嘴坚硬锋利，可以轻松地撕破动物的皮肉。

我的脖子会变色

我的脖子平时是铅蓝色的，当我吃东西的时候，脖子就会变成红色，这是在警告其他秃鹫不要靠近我。如果有更厉害的秃鹫抢走了我的食物，我的脖子就会变成白色，过一阵子，我的心情平复了，脖子就会变回铅蓝色。

乌鸦给我提示

我喜欢在平原和荒地上空一边乘着风舒服地滑翔，一边寻找动物的尸体。有时我还会观察乌鸦的活动，如果看到一群乌鸦在撕食东西，那一定就是动物尸体，我会去把食物抢过来。

猫头鹰

你想知道我为什么叫猫头鹰吗？或许你已经猜到了，是因为我的头和猫的头长得很像。不过虽然我的名字中也有个"鹰"字，但我和鹰其实没有多少相似的地方。

在夜晚捕食

我习惯在夜晚捕食，因为我爱吃的老鼠喜欢在晚上偷偷摸摸地活动，而且在夜晚捕食的鸟不多，没有谁跟我争抢食物。到了白天，我就会躲起来睡觉，所以你不容易见到我。

我的头很宽大，眼睛又大又圆，头上还有两撮竖起来的羽毛，像耳朵一样。

当我躲在树林中休息的时候，你就看不到我了，因为我的羽毛是棕褐色的，当我静止不动时，就像一截树木一样。

我的爪子很特别哦，有一个脚趾可以前后转动。在飞行的时候，3 个脚趾向前，1 个向后，但在抓东西的时候就会 2 个向前 2 个向后。

16

悄无声息地飞行

我身上的羽毛是柔软蓬松的，可以起到消音的作用，所以我在飞行时总是悄无声息的，老鼠在被我抓住之前根本就发现不了我。

你想不到的事

1. 我的脖子能转动 270 度。
2. 我的视力是人类的 100 倍。
3. 我的听力是人类的 5 倍。
4. 我能用听觉定位猎物。
5. 我长了 3 张眼皮。

转动脖子看四周

我的眼睛长在正前方，眼球不能自由转动，只能向前看。这看起来很不方便，但这样的眼睛能让我像人类一样看到立体的物体，而且我的脖子很灵活，只要转动脖子就能看到四周。

我为什么喜欢睁一只眼闭一只眼？

因为白天的光线对我来说太刺眼了，我要闭着眼睛休息，但是在休息的时候，我又要警惕四周，所以只好睁一只眼观察动静。两只眼睛轮换着睁开、闭上，我就能一边休息，一边防止偷袭。

孔　雀

在公园里,我是人们争相观赏的对象,人们都渴望看到我开屏。作为一只雄孔雀,开屏对我来说是一件非常重要的事,因为这意味着我要开始寻找伴侣了。

我羽毛上的大眼睛花纹是由蓝色、紫色、黄色和红色组成的,在阳光下会闪闪发光。

我的头上长着一簇漂亮的羽毛,就像是美丽的王冠。

开屏求婚

每年三四月,我会经常开屏,你能看到我背上的长羽毛像扇子一样打开,"扇子"上还有许多漂亮的大眼睛花纹,雌孔雀会被我的美丽和强壮吸引,和我结为夫妻。

雌孔雀也会开屏

其实雌孔雀也会开屏，不过它们通常只在受到惊吓的时候竖起背上的羽毛，用来吓唬天敌，而且它们的"屏"都很小，也不起眼，你就算注意到了也不会认为是在开屏。

蓝孔雀和绿孔雀

蓝孔雀：我是一只蓝孔雀，在我们家族中，雄孔雀都很漂亮，雌孔雀都比较朴素。

绿孔雀：绿孔雀家族的雄孔雀和雌孔雀都很漂亮，只是雄孔雀的尾屏更长一些。

吓退天敌

当我遇到天敌的时候，我也会开屏，还会不断地抖动身体，"扇子"上那些密密麻麻的大眼睛就像是在瞪着天敌，能把它们吓得落荒而逃。

我的小档案

分类：鸟纲一鸡形目
栖息地：有河流的开阔森林
食物：水果、种子、昆虫、蜥蜴
天敌：老鹰、黄鼠狼

19

巨嘴鸟

我生活在南美洲的热带丛林里，你可能在野生动物园里见过我。就算你不认识我也会记住我最显著的特征——巨大的嘴，而我的名字也就不难猜了，就是巨嘴鸟。

大嘴并不重

不用我说，你也能看出来我的嘴有多大，但其实它并不重，因为它中间是空的，很薄很轻。当然它也很容易被坚硬的东西磕破，还好即使磕破了嘴，我也能继续生活。

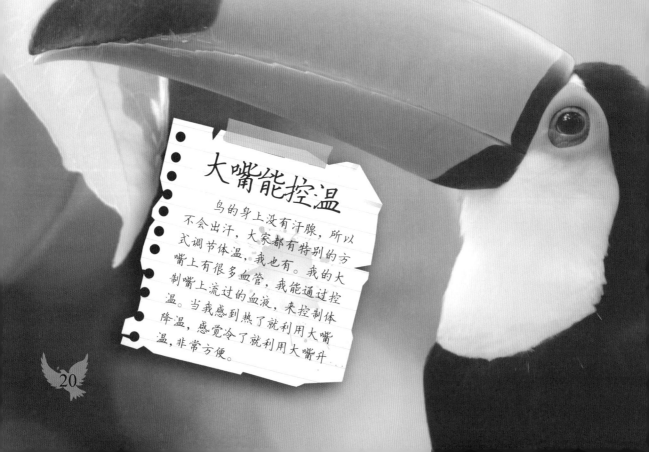

我爱玩的游戏

1. 抛接果实：我叼着果实抛给朋友，朋友再抛给另一个朋友，循环传递。

2. 用嘴摔跤：我和朋友嘴咬嘴互相推颈，谁先后退谁就输了。

大嘴能控温

鸟的身上没有汗腺，所以不会出汗，大家都有特别的方式调节体温，我也有。我的大嘴上有很多血管，我能通过控制嘴上流过的血液，来控制体温。当我感到热了就利用大嘴降温，感觉冷了就利用大嘴升温，非常方便。

大嘴真方便

我喜欢吃树上的果实，硕大的果实都长在细细的树枝上，细细的树枝承受不住我的重量。不过我一点儿也不愁，因为我有大嘴，只要站在果实附近，伸出大嘴就能吃到果实啦！

我的大嘴上有各种各样的颜色，没有哪种鸟的嘴比我绚丽。

抛起来，张嘴接住

我的嘴太长了，所以我吃东西的时候喜欢先用嘴尖把食物叼住，然后仰起脖子，把食物抛向空中，再张嘴接住，让食物直接掉进我的喉咙里，这样吃东西的速度更快。

我的大嘴还能吓唬天敌呢！当然，在求偶的时候，我还会用它来吸引雌巨嘴鸟。

21

啄木鸟

你有没有在森林里听到过"笃笃笃"的声音，你知道这个声音是什么吗？我来告诉你吧，那是我啄树的声音。我是勤劳的啄木鸟，每天都在为生虫病的树木除虫。

我的舌头比我的嘴还要长，上面还有黏液，可以轻松地黏住害虫。当然平时你是看不到我吐舌头的。

吃虫高手

我的听力很好，能听到树木中虫子活动的声音。一旦确认害虫的位置，我就用坚硬的长嘴凿穿树皮和树干，然后伸出长着倒钩的长舌头将害虫勾出来吃掉。

震动驱虫法

有时候，害虫躲在树干的深处，我的舌头也够不到，那我就会采用"震动驱虫法"，用嘴敲打树干，让害虫慌慌张张地钻出树干，自动跑进我的嘴里。

22

我要尽职尽责

　　我很爱自己的工作，总是尽职尽责地完成，不把一棵树上的害虫彻底清除，我就不会离开。有时会遇到害虫特别多的树，我就要连续工作好几天，直到把害虫消灭光。

看我多厉害

| 每天吃掉约 1 000 条害虫 |
| 平均每秒啄木 15 次 |
| 舌头能伸出嘴外 12 厘米 |

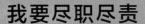

向我学习！

　　我每天都要用非常快的速度啄木几百次，但我既不会脑震荡，也不会头痛，因为我的脑袋里有 3 层防震装置。人类科学家按照我的防震原理，设计出了安全帽，用来保护人的脑袋。

　　我的尾巴很坚硬，它可以和双脚一起支撑住我的身体，让我稳稳地攀在树干上。

蜂 鸟

在繁花盛开的花园里，你常常能见到翩翩起舞的蝴蝶，你可能也见过我，但你可能忽略了我，因为我的身体太小，速度太快。我就是世界上最小的鸟——蜂鸟。

我们蜂鸟嘴的形状和长短，与我们吸食的花朵形状有关。我的嘴又细又直，听说有些蜂鸟的嘴是弯的。

最小的鸟

我的身体只有5厘米长，比一个乒乓球还要轻。在我们家族里也有身长20厘米的大个子，但和其他鸟儿比起来，我们真是太小了，在野外你很难发现我们。

记忆力超群

虽然我个子很小，脑袋也不大，但我的记忆力可是非常好。比如，我能清楚地记得自己曾经采食过哪朵花的花蜜，还能判断下一次应该在什么时候再来采食这朵花。真的，我从来都没有弄错过！

我的飞行绝技

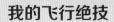

每秒翅膀扇动约 50 次

像昆虫一样停在空中

飞快地盘旋

倒着飞

我爱吃花蜜

我最爱的食物是花蜜，每朵花的花蜜味道都不一样，我最喜欢吃红色花朵的花蜜。我细长的嘴里有根吸管一样的舌头，可以很方便地将花蜜吸到嘴里。

我飞的时候跟昆虫很像，翅膀扇动的速度快到你根本看不清。

边飞边吃

花朵都太轻太柔弱了，我根本不能站到上面去，为了吃到花蜜，我只能不停地快速扇动翅膀，一边飞一边吃花蜜。但这样做非常消耗体力，所以我每天要吃几百朵花的花蜜。

伯　劳

　　说起凶猛的食肉鸟，你可能会想到老鹰、猫头鹰、雕，但你一定想不到我也是吃肉的鸟。我是伯劳，虽然身体不大，但很多小鸟都害怕我，因为它们一不小心就会成为我的晚餐。

我可怕吗

　　我的样子跟黄莺、山雀挺像，一点儿都不可怕。很多鸟儿看我一副温和的样子，就放松了警惕，可它们不知道，我时刻在计划着怎样吃掉它们。

听说它们也会模仿	百灵鸟
	华丽琴鸟
	乌鸫
	八哥

我的脚爪像弯钩一样，可以轻易撕开小动物的皮肉。

26

我很会模仿

　　我会躲在树林里模仿各种鸟类的叫声,如果有一种鸟儿回应我的叫声,我就假装是它的同伴回答它,吸引它靠近我。等它一靠近,我就迅速出击,抓住它、杀死它、吃掉它。

如果你在野外见到我,能猜到这样子的我像鹰一样性情凶猛、爱捕食小动物吗?

我的小档案

分类:鸟纲—雀形目
栖息地:开阔林地
食物:小鸟、老鼠、蜥蜴
天敌:无

用树刺杀死猎物

　　遇到比较大的猎物,我并不能直接杀死它们,我就会将猎物挂在带尖刺的树枝上,用树刺来帮我杀死猎物,然后我再慢慢撕开猎物的皮毛,享用鲜美的肉。

戴 胜

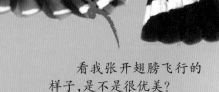

如果你到农田或是果园去，那你可能见过我，因为我爱到农田和果园里找虫子吃，我的家就在那附近的树林里。我就是头上长了一把扇子的鸟——戴胜。

看我张开翅膀飞行的样子，是不是很优美？

头顶扇子

我头上的扇子叫羽冠，平时都是合起来的。如果你看到我顶着一把展开的羽扇，那就说明我现在很紧张，或是很兴奋。

我的嘴很长，稍微向下弯，我还会把它伸到泥土中找虫子吃。

你可能听过我的别名
胡哱哱
花蒲扇
山和尚
鸡冠鸟
臭姑鸪

我不会筑巢

说来惭愧，我天生不会筑巢，在生蛋之前，我会寻找一个安全的树洞当巢。有时候找不到树洞，我只能在山上的石头缝里生蛋、孵蛋，养育孩子。

臭臭的巢

当我的宝宝出生后，我会从尾部喷出一种难闻的油脂，让我的巢闻起来臭臭的，这样能熏走天敌，保护宝宝不受伤害。

像蝴蝶一样飞舞

我的飞行方式非常特别，和其他的鸟儿都不太像，反倒和蝴蝶有些像。我翅膀上的羽毛是黑白花纹的，在飞的时候会张开，看上去就像是蝴蝶的翅膀一样美丽。我飞行的动作也像蝴蝶一样，一起一伏的。

29

杜　鹃

你可能不认识我，但说不定你听过我另外一个名字——布谷鸟。我的叫声在农民听来像是在提醒他们播种，所以他们喜欢这样叫我，其实"布谷布谷"是雄杜鹃求偶时的叫声。

不会孵蛋

我不会筑巢，也不会自己孵蛋，更不会养育自己的孩子，但我会为自己的孩子找个养母。我会悄悄地把蛋生在苇莺、麻雀、喜鹊、伯劳等鸟类的巢中，让它们帮我孵蛋、养育宝宝。

我的小档案

分类：鸟纲—鹃形目
栖息地：茂密的森林
食物：松毛虫等昆虫
天敌：鹰、隼等食肉鸟

宝宝很厉害

我的孩子从小就很厉害，它会比它养母的孩子先出生。当养母外出给它找食物的时候，它就会偷偷把巢里的其他鸟蛋一个个推出巢外，然后独享养母的照顾。

以假乱真

我的小动作很少被其他鸟妈妈发现，因为我能让自己生的蛋跟它们的蛋长得很相似，而且会用自己的蛋替换掉它们的蛋，让它们发现不了。

我的长相不太起眼，这方便了我偷偷接近其他鸟妈妈的巢。

松树需要我

我知道我和孩子的行为伤害了它的养母，但我只能用这种方式让我的孩子活下来。而且，森林不能没有我，特别是松树林，因为松树林每年都会受到松毛虫的危害，消灭松毛虫的主力军就是我们杜鹃。

大 雁

　　不知道你注意到没有，每年的春天和秋天，会有一群鸟排成"一"字形或"人"字形的队伍从天空飞过，那些鸟就是我们大雁，你看到我们的时候，我们正在迁徙的途中。

统一的称呼

　　我是一只鸿雁，但因为我和灰雁、豆雁、白额雁等鸟类长得比较像、生活习惯也很相似，所以人们喜欢把我们都统一称为大雁。实际上我们各有各的家族，并不会混在一起生活。

到这里来找我	
夏季	黑龙江、吉林、内蒙古
冬季	山东、江苏、福建、广东

我喜欢在宽阔的湖泊里游泳、寻找食物以及和伙伴开心地玩耍。

必须要排队

　　我和伙伴们迁徙的路程非常长，所以我们必须要排好队形。身强力壮的排在队伍前面，身体较弱的插在队伍中间，这样它们就能借用前面大雁拍翅时产生的气流飞行。

　　我的身体比较大，胸部的肌肉非常发达，能够张开翅膀在天空飞行很长时间。

休息也不放松警惕

　　迁徙的途中，我们会降落在大湖、大河上休息，吃些鱼、虾、水草等补充体力。这个时候，家族中的长辈就会站岗放哨，一旦发现危险，就提醒大家迅速起飞，继续赶路。

　　为什么我们大雁在飞行时要不停地变换队形？

　　虽然我们总是选择身强力壮的大雁领头，但它没有气流可以借助，飞起来很费力，很快就会疲劳。为了保持队伍的速度，我们必须不停变换队形，交替领队。

33

鸽　子

你不会对我陌生，因为从 5 000 多年前开始，我们就和人类生活在一起了。我是鸽子家族中最普通的一员——信鸽，我的祖先为人类充当了很多年的信使。

我很恋家

对我来说，家是最重要的地方，我从不会远离我的家。如果我不小心离开了家，不管那个地方离我的家有多远，不管有多么辛苦，我都会毫不犹豫地回家。

我的小档案

分类：鸟纲—鸽形目
栖息地：主人的家
食物：各种昆虫
天敌：鹰、隼等食肉鸟

为祖先感到自豪

从前,我的祖先能帮人类传递各种书信,还曾经参与过人类的军事行动,帮战士传递消息、侦察敌情、收集资料、搜救伤员等,它们的故事让我感到自豪不已。

我的身体不大,但翅膀很长,胸肌很强壮,所以飞行时又快又有力量。

我也不甘落后

虽然现在的人们不用我帮他们传递书信了,但我在另一个地方找到了自己的奋斗目标,那就是信鸽比赛。我要在赛场上赢过所有信鸽,成为冠军!

吃奶长大

我和邻居燕子聊天说起出生的事,它说它出生后吃的第一顿饭是虫子,但我出生后吃的第一顿饭是鸽乳,这是爸爸妈妈嘴里分泌出来的一种奶。我这才知道,原来不是所有的鸟都是吃奶长大的。

鹦　鹉

也许你在电视节目中见过我，因为我常常为大家表演。我和小伙伴们大多是生活在广阔的热带雨林里的，我是美丽的金刚鹦鹉。

我多美丽

我的羽毛色彩鲜艳，头部和身体上的羽毛是红色的，翅膀上的羽毛是蓝色的。我每天都要花很多时间来梳理羽毛，让它们保持整洁、顺滑。

我还认识这些鹦鹉
牡丹鹦鹉
虎皮鹦鹉
亚马孙鹦鹉
虹彩吸蜜鹦鹉
折衷鹦鹉
绯胸鹦鹉
非洲灰鹦鹉
亚历山大鹦鹉

我的尾巴上的羽毛又长又漂亮，当我站立的时候，它们总是柔顺地垂在我身后。

你最常见到的鹦鹉可能就是它们——牡丹鹦鹉，它们比我的个子小，也不太会模仿人说话。

表演艺术家

你看电视的时候，能见到我的小伙伴们表演骑自行车、翻跟斗、做算术、打篮球等节目。我们很聪明，很快就能学会各种表演项目，所以人们称赞我是"表演艺术家"。

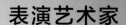

这是葵花凤头鹦鹉，它是我的伙伴。每次表演完，人们都会给我们好吃的果实或种子。

左脚比右脚长

你可能注意到了，我吃东西的时候主要用嘴剥开种子的外壳。但你或许没发现，我习惯用左脚抓着食物送到嘴边，这样子时间久了，我的左脚就会比右脚稍微长一点儿，当然除非你仔细比较，否则你根本看不出来。

学人说话

我喜欢模仿人们说话，特别是人们不断重复的话，但其实我并不知道他们在说些什么，只是单纯地喜欢模仿我听到的声音。

乌鸦

为什么我叫乌鸦？因为我全身都乌黑乌黑的。因为一身黑，叫声也不太好听，所以有的人讨厌我，有的人害怕我，这让我感到委屈，因为我实在不明白我有什么地方让人讨厌。

核桃的外壳太厚了，但我会把它放在马路上，让奔跑的汽车帮我碾碎核桃，这样我就能吃到核桃仁了。

我很聪明

没有什么鸟能比我聪明，不需要谁教，我就能够自己思考问题，并运用各种工具来解决问题。比如我能轻松地打开瓶盖，打开上锁的笼子。

我的能力
识别人脸
判断安危
运用工具
制作工具
制订计划
懂得推理

我学习能力强

　　我天生有很强的好奇心,对什么都感兴趣,特别是人类,我喜欢观察他们,学习他们的动作。我会制作很多工具,还会保存工具,以便下次使用。

我为什么喜欢把闪亮的东西带回巢里?

　　你看我,既没有漂亮的羽毛,也没有动听的歌喉,那我怎样才能追到喜欢的雌性呢?当然是送礼物了!那些闪闪发亮的东西能够打动雌性,所以我喜欢把它们放到我的巢里,吸引雌性的注意。

我不挑食

　　我什么都吃,果实、种子、昆虫都是我常吃的食物。我还会吃动物的尸体,甚至是人们丢弃的垃圾,一点儿都不挑食,这对农业和大自然都有好处。

燕　子

看看你家的房檐下或是阳台顶下，有没有一个泥土做成的窝？如果有，你就有机会看到我住进那个窝里。我是尾巴像剪刀一样的燕子，喜欢和人类做邻居。

用泥土筑巢

屋檐下风吹不到，雨淋不到，是非常安全的地方，所以我喜欢在这里筑巢。我会花十几天时间建造一个坚固的巢，然后在巢里铺上柔软的羽毛、碎布和草叶。

我的小档案

分类：鸟纲—雀形目
栖息地：人类房屋附近
食物：蚊子、苍蝇等昆虫
天敌：鹰、隼、猫

春天到你家

每年春天，我会和我的伙伴们一起从南方飞回北方，然后寻找我去年建造的巢。如果巢没有损坏，我稍微修补一下就会住进去，继续和你做邻居。

我为什么喜欢停在电线上？

因为我的脚很小，力量也不是很强，抓不住粗粗的树枝，而且如果我停在树枝上，遇到危险时会因为树叶的阻挡而来不及起飞。电线就很方便了，它比较细，四周很空旷，我只要松开脚，就能随心所欲地朝各个方向飞了。

捕食飞虫

你常常能见到我在空中忽上忽下、忽左忽右地飞来飞去，那不是我在玩耍，而是在捕食蚊子、苍蝇等飞虫。当我的孩子出生后，我会更加忙碌，因为它们都很能吃。

我的巢是我用唾液混合着泥土、草茎建造起来的，非常坚固，能反复使用。

41

听鸟类讲故事